卡耐基写给年轻人的能量书

写给年轻人的

周成功◎编著

中国财富出版社

图书在版编目（CIP）数据

卡耐基写给年轻人的能量书/周成功编著．—北京：中国财富出版社，2014.1
ISBN 978 - 7 - 5047 - 4859 - 1

Ⅰ．①卡…　Ⅱ．①周…　Ⅲ．①成功心理—青年读物　Ⅳ．①B848.4 - 49

中国版本图书馆 CIP 数据核字（2013）第 229175 号

策划编辑	张艳华	**责任印制**	何崇杭
责任编辑	张冬梅　宋宪玲	**责任校对**	饶莉莉

出版发行	中国财富出版社		
社　　址	北京市丰台区南四环西路 188 号 5 区 20 楼	**邮政编码**	100070
电　　话	010 - 52227568（发行部）	010 - 52227588 转 307（总编室）	
	010 - 68589540（读者服务部）	010 - 52227588 转 305（质检部）	
网　　址	http://www.cfpress.com.cn		
经　　销	新华书店		
印　　刷	北京京都六环印刷厂		
书　　号	ISBN 978 - 7 - 5047 - 4859 - 1/B · 0380		
开　　本	710mm×1000mm　1/16	**版　　次**	2014 年 1 月第 1 版
印　　张	12.25	**印　　次**	2014 年 1 月第 1 次印刷
字　　数	188 千字	**定　　价**	25.00 元

前　言

如果你知道戴尔·卡耐基，那么很庆幸，你和全球八百万学员拥有同一位老师，股神巴菲特、石油大王洛克菲勒、世界首富比尔·盖茨、汽车巨人艾科卡都曾经向他学习，且受益无穷。

在"正能量"备受关注的今天，一些传递正能量的知名人物也让人效仿或学习，像戴尔·卡耐基——这个风靡全球的励志大师，已经影响了一代又一代的人。

然而，戴尔·卡耐基并不是一开始就拥有健康乐观、积极向上的生活态度，他出身于寻常百姓之家，却能成为20世纪最伟大的心灵导师，这其中的原因何在？

卡耐基会告诉我们，他也曾经痛苦、迷茫、彷徨过，但他意识到不能再这样堕落下去，有必要活出精彩的人生。

这也是卡耐基想要告诉年轻人的，无论你现在的境况如何，都要勇敢而乐观地面对人生。在本书中，卡耐基将从各方面给你注入新鲜的活力。既有他青少年的经历，也有他在事业上的波折，还有他在感情上的历练，另外在口才上的功夫、在商业上的智慧、在社交场合上的诀窍，他都会毫不隐瞒地告诉你。

作为成人教育的导师，卡耐基是很有资格在这一方面说话的，他已经改变了无数年轻人的命运，他也会用他的观点、处世态度等，让现在的年轻人引以为戒。

年轻人会从卡耐基的身上感受到一股正能量，从而促使自己在悲观的情况下，看到乐观的未来。

卡耐基希望所有的年轻人都怀有乐观向上的生活态度，这也是他对学员们的忠告。

卡耐基的一生可谓是成功的一生，他总结了很多不可多得的宝贵经验，借此会一一地传授给处于迷茫中的你。

卡耐基希望，他的这些想法和经验会给你鼓舞，促使你获得前所未有的成就。

正是基于卡耐基的这种愿望，本书精选了他著作中的多种观点，并再现了他的非同凡响的人生磨砺。这会让我们找到一面镜子，从而更好地激励自己！

愿我们活在当下，活出自我的风采，这不仅是卡耐基所要传达的，也是本书的精髓所在。希望本书会给你带来正能量，助你赢得美好的人生。

周成功

2013 年 12 月

目　录

第六章　婚恋的历练 ·· (165)

　　每个人都会走进婚姻的殿堂，卡耐基却在婚恋上几经波折，但卡耐基最终还是赢得了爱情。

　　这正是卡耐基所要告诉你的，要好好地珍惜有缘人，并好好地对待你的婚姻，你也会因此而发现情感上的不一样的精彩。

第一章

成功的源流

　　卡耐基想告诉世人，他能取得如今的成就，不是因为他拥有先天的条件，而是通过自己不懈的努力一步一步完善而来的！正是卡耐基的这种意识，使得他从一个农家子弟成长为后来的演讲大师。

　　成功并非一蹴而就的坦途，只有经过无数艰难险阻的历练，你才能到达成功的彼岸！

第一节　走出忧郁的童年

作为 20 世纪最著名的成功学大师，卡耐基被很多人所熟知，他的工作不但影响着数以亿计的人们的生活方式，甚至连他的教学构想也改变了成人教育的方法，人们不禁要问，这样一位具有正能量的传奇人物，到底是怎样的一个人呢？

其实，卡耐基和普通人一样，他的童年也充满了欢乐和忧伤。下面，让我们重温一下，他在童年有着怎样的经历：

1888 年 11 月 24 日，是一个阳光明媚的日子，在美国密苏里州玛丽维尔附近，距 102 号河东北 10 里处的一个小镇，卡耐基出生了。这是一户普通的农家，卡耐基的哭声也绝不像伟人传说的那样是一首美妙绝伦的颂歌。他并不特别，以至于父亲说："看，是个男孩，和邻居的小子一样！"这时，卡耐基好像啼哭得更厉害了，似乎是在宣泄他对这个世界的不满，也好像预示着他将经历不一般的苦难与挫折。

小时候的卡耐基非常淘气，并不是一个人见人爱的孩子，但这与他日后在公众中十分受欢迎完全是两码事。

他显得非常瘦小，头发也不像大多数白种人那样呈现出迷人的金色，而是淡黄中略显灰褐，一副营养不良的模样，除了他那对大耳朵之外，卡耐基并无多少出众之处，他简直普通极了！

离卡耐基家的农场的不远处，有一所乡村小学，名字叫"玫瑰园"，卡耐基就在这所玫瑰园度过了他的小学时光。

据卡耐基回忆说，他在小学里最难忘的时光是冬天，那时候寒风凛冽，甚至还夹杂着雪花，看样子上学都去不了。但即便如此，卡耐基还是觉得愉快，有一段往事令他记忆犹新：

"冬日里的一天，我刚吃过早饭，就来到了玫瑰园，趁别人不注意，我把在上学路上捡来的一只死兔子放进一个圆形铝桶里，接着又悄悄地把这只桶放在教室后面的火炉上。今天是修辞学，当女老师史密斯太太讲得有滋有味时，她闻到一股奇怪的味道，史密斯太太的嗅觉很灵敏，她马上意识到这是一股香味，而且是烤肉的香味。于是，史密斯太太问：'同学们，知道是哪里传来的香味吗?'同学们都莫名其妙，只有我站起来，笑嘻嘻地说：'我知道，老师，在我们这本书的第五十一页里写着一句话，说是卖火柴的小女孩渴望得到烤鹅……老师，你是想吃烤鹅了吧?''闭嘴，卡耐基，你这个讨厌的家伙!'史密斯太太气得脸色发青。最后，我不得不承认错误，史密斯太太才原谅了我。"

童年时的卡耐基就是这样，时常在学校里搞恶作剧，不过，当他长大了一点，在瓦伦斯堡师范学院朗读比赛中获得勒伯第青年演说家奖时，还得到史密斯太太的夸赞。史密斯太太说，她还清楚地记得那场恶作剧。

"我原想让校方开除你的，不过，都是小孩子，调皮捣蛋也算不了什么。"

可见，卡耐基童年的顽皮。

在家乡，有一间废弃的木屋，成名后的卡耐基在周游世界各国游学讲座时，仍忘不了那间小木屋。卡耐基说，这间小木屋，让他留下了只剩四根左手指头的纪念。

那是1898年的夏天，暴风雨席卷了整个密苏里平原。家乡的102号河洪水爆发了，卡耐基与他的三个伙伴约好，谁从破木屋的窗户上跳下的次数最多，谁就是他们中间的"王"。卡耐基跳下的次数最多，他理所当然地成了他们中间的领头人物。在伙伴们一再的拥簇下，卡耐基又有了劲头，但是当他再次跳到地面，却感觉左手食指一阵剧痛，接着整个左手都麻木了。

他看到食指已被扯裂开来，鲜血快速地从伤口涌出，把左边的衣袖染成了一片鲜红。

伙伴们在震惊之余，第一时间将卡耐基送到诊所处理伤口，还好伤口没有被感染，但自从那时起，卡耐基就永远少了一根食指。

直至三十年后，他在欧洲的一次讲学中还提到此事。他说，当不幸降临时，不要去怨天尤人，因为很多时候，失误在于我们自己。

不过，卡耐基小时候也因为这个缺点而自卑过，即使是在瓦伦斯堡师范学院，他也常常为左手的缺陷感到惭愧。

卡耐基的童年虽然有快乐的一面，但家庭的贫穷却为他的童年蒙上了一层阴影。

卡耐基的父亲詹姆斯·卡耐基是一个小农场的主人，母亲伊丽莎白在嫁给詹姆斯之前是一位乡下教师，这样的家庭看起来不错，但也有其不幸，不幸的根源在于贫穷。

卡耐基永远忘不了家乡的 102 号河，这条河并不是一个老实的家伙，即使有时显得很温柔，滋润着河岸一望无际的平原，给人们绿油油的农作物、茂盛的树林作为回馈，但到了秋天，当小麦、玉米行将收获之际，这条河便开始发狂了，它浇灭了人们企盼丰收的希望。

卡耐基常常穿着破旧的衣服，站在农舍外围比较高的地方，可怜巴巴地看着河水汹涌而至，漫过河堤，席卷农田，只一瞬间农作物就被摧毁了。这时小卡耐基知道，他想买一件新衣服的愿望再次破灭了。

河水退去后，他不得不和父亲走过泥泞的土地，去挽救那些劫后余生的农作物茎秆。由于歉收，一家人只能再次以借债度过饥荒。

后来当卡耐基回忆起这些往事时，他说，母亲是个乐观的基督教徒，即使是陷入绝望的境遇之中，她依然能够唱着圣歌坚强面对，不过，父亲就满面的沮丧。这些在卡耐基幼小的心灵中扎下了根，使得他也能够面对那些不愉快。

农作物遭殃的同时，猪儿、牛儿因霍乱而死亡，这更给卡耐基一家带来沉重的打击。家庭的不幸为卡耐基的童年抹上了忧郁的色彩。

1948 年，他在他的《摆脱忧郁》中就这样写道：

"我常常记得，母亲固然坚强，可在经历了一系列的自然灾祸之后，她的心情也渐渐地变得沮丧，父亲去谷仓喂马和乳牛时，她常常会担心父亲的身体会倾倒。父亲也赚不到钱，总是在唉声叹气。

童年的忧郁似乎笼罩着我，给我带来了太多的不幸，我还记得，1898年，父亲詹姆斯·卡耐基得了精神崩溃症，巨大的生活压力压倒了这位农场主。当医生告知母亲父亲不会活过六个月时，当时的我还不到十岁，看着母亲闪动的泪花，大声地对医生吼道：'你撒谎，你骗人……'"卡耐基不能接受这是真的，即便没有最终像医生预想的那样不幸，父亲的悲观还是在他的心里留下了阴影。一天，父亲到银行里去恳求延长偿还贷款期限，银行拒绝了并以没收卡耐基家的财产相威胁。父亲懊悔地回到家，黯然神伤地看着缓缓流淌的 102 号河。卡耐基觉得奇怪，就问道："爸爸，你在想什么呢？""我在想，河水能通畅无阻，为什么我却常常碰壁？"

卡耐基长大后，在对公众提及这件事时，他说："父亲饱含泪水地告诉我这些话时，要不是由于母亲的坚强的宗教信仰，我当时就垮了。"

1900年，卡耐基一家人搬到了距曼哈尼教堂一里外的莫瑞农场，可贫穷依旧。

小卡耐基最害怕每月一次或两次和父亲一起乘运木头的货车到玛丽维尔市，因为城市里的新鲜让他感觉不可思议。

有一次，父亲竟然给了他 10 美分，让他随意花费。这对于卡耐基来说，是一件好事，但欣喜过后就开始犯愁了。

"如何开销它们呢？是买一盒糖，还是买一件像样的玩具？"

走进商店，他从镜子里看到自己一身破烂的衣服，便觉得惭愧，于是闷闷不乐地离开了。

1901年，父亲和圣约瑟市的屠夫有了合作，卡耐基得以有了去圣约瑟的机会。圣约瑟是他上中学以前见过的最大城市。

城市里的摩天大楼和川流不息的人群深深地吸引了卡耐基。

有一天，卡耐基在家乡，一位名叫尼克拉斯·梭得的教师住到他家。放学回来的时候，他听到梭得先生的房间一阵"啪啪"的声音，卡耐基看到梭得先生正坐在一个键盘前，手指不断地敲动，卡耐基惊奇地睁大双眼，禁不住走近用手指按了一下键盘。

"真是神奇，老师，能送给我一件这样的东西吗?"

尼克拉斯·梭得没有马上同意，而是给他讲了许多新鲜的事物，满足了卡耐基的好奇心。

卡耐基的视野更开阔了，梭得先生搬走以后，卡耐基总期望他再来，但梭得先生却一直杳无音讯。

另一件事情也开拓了卡耐基的生活领域和视野。

1902年，两列火车在瓦伦斯堡境内相撞，卡耐基和父亲出来到出事地点帮助旅客们做些力所能及的事情。

卡耐基结识了一位受伤的男客，听说客人来自宾夕法尼亚州，一个约有几十万人口的大城市。

卡耐基听着听着，简直难以置信。

那位男客名叫史密斯·泰勒，是宾夕法尼亚州一家剧院的滑稽演员。三十年后，当卡耐基已成为著名的公众演说家时，他做梦都没有想到，当初在密苏里邂逅的那位小家伙竟然能和侃侃而谈的演说家连上等号，于是，史密斯·泰勒选修了卡耐基的课程。

卡耐基在《摆脱忧郁的方法》一书中，表明了他当时生活的态度:

"童年的我十分忧郁和恐惧，我曾过早地对死亡产生过恐惧，担心死后会下地狱。"

另外，风靡全球的《摆脱忧郁的方法》一书也是他对生活态度的总结。

的确，卡耐基很早就对死亡产生过恐惧，他总认为自己犯有种种罪状并且一定会遭到上帝的惩罚，更担心死后会下地狱。当他发觉密苏里上空火光四射，雷声隆隆时，脸色铁青地跑到家里，扑到母亲的怀抱，让母亲救他。对这个可怜的男孩，母亲极力安慰。费了好大的工夫，她才知道原来卡耐基是被雷电吓到了。

由于贫穷和生理上的缺陷，卡耐基比其他同龄的孩子更忧郁。

在校园里，他那双大耳朵是同学们讥笑的对象，他的左手少一根食指也是被嘲笑的原因。卡耐基为此感到痛苦，常常一个人暗自流泪。

他后来回忆说：

"我现在之所以能够坚强，是摆脱了当初的忧郁啊！我还记得，有一个叫比尔的男孩，我们之间发生了矛盾，他以恐吓的语气说要割掉我的耳朵，我当时信以为真，现在想想，真是太傻了。"

关于那段往事，卡耐基在后来的演讲中这样延伸：

"要想别人对你友善，和别人友好相处，就不能触动他心灵的伤疤……"

这是卡耐基的一股正能量，也是在面对青春期时的一种对策。不过，青春期的卡耐基也有另一种忧郁。

他希望和女孩子交往，但总是显得局促不安，他甚至担心将来在结婚典礼时该怎么办。

就那时的忧郁，卡耐基后来在书中说：

"我幻想我们在某个乡村教堂举行婚礼，接着搭乘车顶缀有饰品的四轮马车回到农场……

我不能想象我在回到农场的途中会说些什么，我又如何才能让我们的对话继续下去……"

这种假象让卡耐基觉得不会有女孩乐意嫁给他，他因失去魅力而烦恼。

直到 1948 年，卡耐基还向人们这样说：

"当我微微举帽向她们打招呼时，我还担心女孩子们将因为我愚蠢的动作与不敢恭维的外表而嘲弄我。"

1904 年，卡耐基高中毕业，进入到密苏里州瓦伦斯堡州立的师范学院读书。就在瓦伦斯堡州立师范学院时，他又一次忧郁了。

每天早上，他都要骑马进城上学，回到家里的农场后要处理一大堆的杂务，例如：修剪树木、挤牛奶、收拾残汤剩饭喂猪……

只能在干完一切杂务后，他才可以点上煤油灯，在昏暗的灯光下开始读书。

由于父亲想探索致富的门路，决定养一种叫作杜洛克泽克的猪。时值春寒，为了防止这些猪仔不被冻死，除了把它们装在一个用麻布遮着的篮子里，再把篮子放在厨房火炉的旁边，卡耐基又增加了照顾这些小猪的活。

在 1936 年的一部自述中，卡耐基提到了这件往事：

"晚上我睡觉前做的最后一件事，就是把放着小猪的篮子从厨房后面的火炉旁边搬进猪圈里，让那群小猪吃完奶，再把它们全部放进篮子里，接着把篮子重新搬回到火炉后边去。最后，我上床睡觉，把闹钟的时间定在次日凌晨的两三点钟。只要闹钟一响，不管有多大的困倦，我都要揉揉惺忪的睡眼，在凛冽的寒风中穿好衣服起床，重新把小猪送到猪圈吃奶后抱回来。接着我再把闹钟定在早上六点，那是我起来念拉丁文的时间。

有一次，我本想节约时间，就在凌晨三点，不穿衣裤地去给小猪喂奶，可是最后差点冻个半死，并由此患了伤寒，在床上躺了整整一周。那时我真的觉得死亡的大门正朝我打开，以至于让我看到了地狱门口的大字……"

就算卡耐基的家离瓦伦斯堡市不远，由于贫穷，他和城里的同学相比仍有着天壤之别。由于家里的沉重负担，卡耐基永远穿着破旧的衣服，在学校里受人冷眼，久而久之他也有点自惭形秽。

有一次上数学课时，卡耐基被老师叫到黑板前回答问题。

当卡耐基走上讲台，教室里立即爆发出一阵雷鸣般的笑声，老师接连做了几个安静的手势都没有起到效果。

卡耐基知道同学们是嘲笑他衣着的寒酸，他尴尬地站在讲台上，深深地埋着头，好像是上了一次审判台。

他回到家里后，对母亲说："我不想去上学了！"

"为什么，孩子！"

卡耐基满心委屈地说："同学笑话我穿的是破衣服，我没有心思听课与思考。"

母亲看了卡耐基几分钟后，说："你为何不想方设法让他们因为佩服而尊敬你呢？好了，不要伤心，今年秋天，我们一定会给你买套新衣服。"

或许是这些话启发了卡耐基，最后他还是顶住了精神上的打击，没有因为这件事而退学。

由于家境的穷困，母亲希望卡耐基将来做一名传教士或是一名教员，并教诲他一定要好好读书，将来才能够出人头地。而卡耐基那时学习也很刻苦，并得到了全额奖学金。

优异的学习成绩使卡耐基变得自信起来，一股内在的潜能激发着他。他想寻求受人关注的方便之路，渴望拥有影响力与名望。由于当时，棒球运动员、辩论与演讲取胜的人大受欢迎，他知道自己没有运动员的才能，就下定决心在演讲比赛中取胜。一开始虽然每次都失败了，但他并没有因此失望与灰心丧气，卡耐基却愈败愈勇，最后终于取得了成功。

卡耐基的童年就是这样，看起来很忧郁。但他却从忧郁中走了出来，最终取得了很多人都不可能达到的成就。这其中的力量不可或缺，要不是他勇敢地面对一切，他就有可能活在悲观之中了。

好在卡耐基也感到了乐观，从忧郁中看到了成长的过程，他才能摆脱忧郁，一步步地走来，从贫穷走向卓越、走向辉煌的巅峰。

第二节　选好第一份工作

卡耐基是经历了一系列的挫折之后，才开始选择了工作，卡耐基的第一份工作是推销员，但他当时并不知道这是否是自己最想要的工作。

1908年4月，卡耐基开始面试了。在国际函授学校丹佛分校经销商的办公室里，他在应聘着销售员的工作职位。

看到眼前这位脸色苍白、并不精神的年轻人，主考官约翰·艾兰奇先生叹了口气，然后漫不经心地问："你认为你适合销售这个工作吗？"

卡耐基没有被主考官的冷眼所吓倒，他深呼吸了一口气，说："对，我非常适合这个工作。"

"那你为何这样认为呢？"

"我相信我能把它做好！"

"那么，戴尔·卡耐基先生，你做过销售员的工作吗？"

卡耐基并没有马上回答，他停顿了一会儿，反问说："难道一定是做过才能做得好吗？只要有勇气和魄力，就一定会胜任的。"

主考官约翰·艾兰奇被卡耐基的这种胆识所吸引，开始对眼前的年轻人产生了兴趣，问："既然你这么认为，请回答我几个有关销售的问题。第一，你打算对推销对象如何开始谈话？"

卡耐基毫无戒备地说："'你的生意做得真好！'或是'今天天气真不错啊！'"

艾兰奇点点头，显然是对卡耐基很满意，接着问："你用什么方法把打字机推销给农场主？"

卡耐基说："很抱歉，艾兰奇先生，我没有办法把打字机推销给农场主，因为农场主根本不需要用打字机。"

听了卡耐基的回话，艾兰奇先生稍微思考了一会儿，然后出乎卡耐基的意料，他说道："很好，戴尔，你被录用了，我相信你一定会做得更好！"

接着，艾兰奇从椅子上站起来，拍了拍卡耐基的肩膀。因为他相信卡耐基将会是一名出色的推销员，而且在此之前，测试的最后一个问题只有卡耐基的答案最让他满意，之前的应征者无非是胡乱编造一些方法，可是事实上都行不通。

就这样，卡耐基找到了他的第一份工作，他的责任是推销国际函授学校丹佛分校的教学课程。

虽然这份包括食宿费和佣金在内、日薪两美元的工作似乎并不起眼，但是对于一个刚跨出校门、急于成功的年轻人来说，这意味着已经有一条发财的大道在脚底下伸展开来了。

第二天，卡耐基就满怀热情、全心全意地投入到了工作当中。

他是那么的惊喜，完全掩饰不住内心的喜悦，不过，很快卡耐基就意识到了他小看了推销的难度。原来散居在那布斯卡的居民并不像他想象的那样热衷于等待邮购教学课程。

卡耐基在外面艰难地奔波了一周后，就已经尝到了一次又一次重复失败的滋味。无论他多么的热心，怎样巧妙地运用口才，然而所有的努力都好像倾倒进了滚滚奔腾的密苏里河，最终一无所获。

失败一度令卡耐基灰心丧气，但他还是又振作了起来，以一种新的能量去面对挫折，他要做得与他当初面试时说得那样有信心。

凭着这股毅力，卡耐基取得了初步成功，卖出了一套教学课程。

这一天，卡耐基吃过早餐后，在回住处的路上，他看到有一位架线工人正在电线杆上作业。卡耐基并没有过多地在意，忽然架线工人的钢丝钳掉到了地上。卡耐基吃了一惊，但还是过去把它捡起来，还给那位架线工人。

"先生，干这个可不轻松啊！"卡耐基说。

有了这次搭讪，架线工人便和他聊开了，架线工人说："那还用说，这工作既艰苦又危险！"

"我有个朋友也干这行，只是他觉得非常容易！"

"非常容易？"

"是的，他之前也和你一样有这种悲观的看法，他获得轻松的转变也是偶然的事情。"

架线工人很好奇，问："你能说说，到底是怎么一回事吗？"

卡耐基继续说："有一门课程，他学了之后，就获得转变。那是一门可以赋予人能量的课程。"

"到底是怎样的一门课程呢？"

卡耐基便详解了他所要推销的课程，终于说服了架线工人要购买他的一门电机工课程。

成功的滋味美妙绝伦，无论任何人，第一次事业上获得丰收，一定会大喜一番。卡耐基也不例外，但惊喜之余，他反思自己：这是我经历了很多次失败之后才获得的一次成功啊！

卡耐基得到了佣金。

"很好，戴尔，你这次做得很不错。"艾兰奇先生笑容可掬地夸赞着卡耐基。

实际上，艾兰奇的夸赞也是由衷的，分公司派出的十几名推销员中，只有卡耐基在这周推销出去了一套课程。

这时的卡耐基并没有满足，他雄心勃勃，对工作充满热情。

可热情终有退减的时候，原因是少得可怜的成功和太多的失败相比，卡耐基觉得在这家公司是混不出名堂了。

有了这种想法之后，他陷入了苦闷与迷茫之中。

难道自己不能成为一名出色的推销员吗？是自己第一份工作选择错了吗？是自己缺少勇气还是做得不够到位？既然别人可以取得成功，为什么我卡耐基就不行呢？我可是一个很自信的人，如果这一份工作不适合我，我该何去何从呢？是要回到瓦伦斯堡州立师范学院去完成学业，像母亲期望的那样将来做一名教师或是传教士？还是回到父亲的农场去，继续种植小麦、大豆、玉米、高粱，以至于养殖牲口为生？还是……

此刻的卡耐基已十分为难，在国际函授学校的几周奔波中，除去食宿和旅费，他已身无分文。在推销教学课程的阶段中，他还算成功，可是这样的成功又如何改变目前窘迫的处境呢？

再摸摸口袋里仅剩的一顿饭钱，想着前程并不乐观的推销职业，卡耐基下定了决心，他要离开丹佛。

离开丹佛后，卡耐基来到了俄玛哈，看到随处可见的忙忙碌碌的身影，他也要找一份工作谋生了。

这时，他面临的问题仍是做何种职业。

经过慎重地考虑，由于在俄玛哈推销员还算供不应求，他还是决定做推销员。卡耐基坚信工作优秀自然会大受欢迎，于是他重又换上了崭新的衬衫，打好领结，把皮夹克擦得干干净净，雄赳赳气昂昂地走进了阿摩尔总公司的办事处。

阿摩尔的总裁洛佛斯·海瑞斯是一个十足的美国西部老头，他行动缓慢，和做事喜欢干净利落、雷厉风行的卡耐基有些不同。

"年轻人，无论你以前做过什么工作，由于在我这里你还没有工作经验，你一定要接受一个月的职前训练。"海瑞斯用两道深邃的目光审视似的看了卡耐基一眼，他对这个神采奕奕的年轻人印象不错。

卡耐基还是犹豫了一下。

"怎么啦，年轻人？从明天起周薪水二十块四十一分，开始推销时外加食宿和旅费，这样的工作你不能接受吗？"

"抱歉，先生，我宁可另觅他处！"即使卡耐基急需这么一份工作，可是年轻人的血气方刚似乎不可以容忍海瑞斯这样独断专行的命令。他一边说着话，一边转身就要离开办事处。

"等一下，年轻人！"海瑞斯站起来想留住卡耐基，凭他的直觉，他感觉这个年轻人一定能成为出色的推销员，就语气温和地说："年轻人！不，卡耐基先生，我不得不告诉你，通常来我公司的求职者只能按我的旨意做事，可是只有你例外，我想先听听你的意见，坐下来谈谈吧！"

卡耐基蓦然感觉到了自己刚才的无理，于是开始解释他离开的理由。原来卡耐基认为一个月的职前培训不适合他的工作作风，他希望能够立即投入到工作当中。

海瑞斯听完卡耐基的解释，再看看眼前这个年轻人，内心一股钦佩之情油然而生，他写下了"卡耐基，南达克达区西部"这样的一行连体字，交给卡耐基。

就这样，卡耐基成功地说服了海瑞斯，找到了新工作。

卡耐基到达南达克达后，就去拜见了当地的各家零售商。他和零售商们谈天，从天气到农作物收成，接着再把话题转到阿摩尔公司和所提供的瘦腊肉等种种产品上去。

卡耐基总是想方法，使对方信任他所推销的产品。"为何你要选择阿摩尔的产品呢?"当卡耐基的话题引起店主的兴趣后，就会采用问答的方式向他们介绍阿摩尔公司超级优良的服务态度与产品的高质量。并且，他还十分肯定地告诉店主，公司的货品在所有情况下都必定能够准时送到。这样的反复说明与推销，让顾客们十分满意。

在整个商品宣传的过程中，卡耐基大量地使用了父亲养猪与养牛的经验。并且，在演说时，都以略带鼻音和充满密苏里口音的语言来表达。这使他深受南达克达商人的信赖，并不把他看作例外。

卡耐基就是凭着这股热心与忠诚，凭借坚韧不拔的意志与随机应变的能力，在南达克达获得了一次又一次的成功。

除了推销阿摩尔公司的产品外，卡耐基的另一个工作是推销货车。不过，几个月过后，卡耐基并没有成功。虽然他用心要做好工作，但是那些有关发动机、车油与部件设计的机械知识，无论如何都提不起他的兴趣。

有一天，卡耐基刚吃过午饭，正准备小憩一会儿的时候，公司的经理突然走进来，卡耐基马上强打起精神，不知所以然地站在一旁，可经理并没有对他说什么，就忙别的去了。紧接着，来了一对年轻的男女，男的是一头金发，女的提着个蓝色的手提箱，俊男俏女非常惹人注意。

卡耐基忙上前打招呼:

"您好，欢迎光临! 本店供应十分优质的派克自用车与货车，您看这辆车多时尚!"

卡耐基洪亮的声音在宽敞的售货大厅里感觉瓮声瓮气，可是两位自视甚高的顾客一脸不屑一顾的表情。不过，卡耐基并没有生气，他照样向他们热情地介绍与赞扬公司的各种产品，说得天花乱坠，好像要打动这二位的铁石心肠。可是，这位脸蛋漂亮的女士，几分钟后就不耐烦地拉着自己的丈夫或是情人的手向店外走去，还说道:

"先生，你并不了解汽车，更不了解机器。我敢肯定，让一个十几岁的孩子在这里待上一天也会说得和你一样好! 谢谢你的热心，我们从不和无知的人谈话，再见了!"

顾客刚走出店门，经理就走了过来说："戴尔，你竟然这样不中用！现在，就告诉你，不要再与客人谈那些有关于创始人密斯特尔斯与威廉·派克尔德的事情，你只能全心全意地为我卖掉这些汽车，否则你就会像那个人一样！"经理一边说，一边用手指向街头的一位中年乞丐。

卡耐基意识到了刚才的疏失，便低头不再说话。

这时，他的心情是难以用语言来形容的。他在心里大声地对自己说："我都在做些什么呀？我为什么会这样不中用呢？堂堂的艺术学院毕业生，居然连一个普通的工作也做不了！"忽然一阵头痛袭来，他知道这是他几个月以来的老毛病又犯了，他觉得疼痛欲裂，他想："我要被开除了！我如何生活，如何工作？怎样才能实现自己在学院中树立的理想？家庭、社会马上就要离我而去了，我是这个世界的废物、弃儿？"渐渐地，他想到自己悲惨的童年与后来艰难的日子，想起学院里的苦读生涯，想起失败的演员经历，还想起百般艰辛的新工作。

在平时就有许多问题与想法一直缠绕着他，此时此刻又都涌上心头。在寂静黑暗的街上，卡耐基踱着步子，忧伤地走着，脑子里充满着有生以来的不高兴，甚至还有此时的迷茫与困惑，他的头就快要炸裂了，即使有阵阵冷风从街角吹来，他还是不能冷静下来，边走边踢着到处可见的砖块、垃圾或可乐瓶。

虽然四周伸手不见五指，而且黑社会组织在这里实力强大，但卡耐基今晚却不怕了。

走着走着，看到前方不远处有些街头小贩在木炭火焰上烤着烧鸡与香肠，并且散发出香喷喷的味道，那味道还不时地引诱着他。他还没有吃晚餐，再摸摸口袋，只剩下几美元。

卡耐基停顿了一会儿，又继续往前走，那些木炭炉火像一些星星点点的萤火虫，映照出卡耐基的脸来：淡红色的眼镜后面，有一双深邃的眼睛，苍白过头的脸色使他显得非常憔悴。他的衣领十分干净，领结也打得非常漂亮，黑色西服外套紧扣着。

　　他一步步地走到自己所住的公寓，居然忘记自己是住二楼的，一下子走到三楼也就是楼顶了。

　　卡耐基站在楼顶的阳台上想大声呼喊，当他伸开双臂，准备让心中的抑郁尽散开来时，他又陷入了沉思："不行！我不能这么消极，老板批评了我一顿，就要振作起来。我要好好地工作，把这份推销工作干好。不然，交不起房租的话，我就得被赶到街上像那些流浪汉一样了。"

　　迎着灰蒙蒙的夜空，卡耐基的心情舒畅了许多。他轻手轻脚地推开了房门，灯也不敢亮了，不出声响地躺在床上。他希望能早点入睡，可刚刚闭上眼，一连串的职业问题又困扰着他：

　　"我又要失业了，该怎么办呢？头疼病老是不好，再过几年，会成为什么样子呢？"

　　这样，过了一个不眠之夜。

　　天一亮，卡耐基就站起身来，穿好衣裤，他想到了一个问题："困苦只是暂时的，我不能被炒鱿鱼！"

　　想着，他就走出门去。路过一栋未竣工的建筑物，那就是著名的乌尔渥斯大楼，一百英尺高的哥特式富丽建筑很容易让人联想到美国快速发展的经济。

　　卡耐基看到这样高大雄伟的建筑，鼓舞自己：

　　"终有一天，我要以工作改变人生。即便目前的工作并不一定是最适合的，每天无非是动动嘴皮子。"

　　卡耐基还是乐观了起来，开始了新一天的工作。

　　"早上好，戴尔！"经理走来和他打招呼。

　　卡耐基点点头，心里挺惬意。

　　按照经理的安排他来到"商联会"大厦购买玩具。在这里，卡耐基结识了一位开升降机的年轻人，不过那位年轻人是个残疾人，左手齐腕被切断了。卡耐基走上前去，再看看自己只剩下 4 个手指头的左手，瞬间觉得自己其实并不是世上最不幸的人。

那个年轻人叫汤姆，他非常热心地说："我是去年被轧钢机轧掉了手腕，虽然手腕和手都没有了，可是我的命还在呀！"

"你是不是会时常感到困扰呢？"

汤姆会心地笑了一下，说："不会的，我似乎已经忘了这回事，只会在穿针缝衣服时，才能想起自己少了一只手。"

虽然是简短的几句话，却给卡耐基留下了深刻的印象，他后来在书籍上这样说：肉体上的某些障碍完全可以运用精神上的力量来弥补与克服，只要习惯了肉体上的残疾是会忘却的，而且会像正常人一样。

卡耐基开始分析自己偏头痛的原因：疲惫不堪与工作上没有兴趣，推销的失败，卖不出去汽车自然就遭到同事的嘲弄、上司的责备，而这所有的一切都使他产生了新的烦恼。

大学期间的辉煌之梦被现实击碎，他不得不为了生活而四处奔波。

烦恼像连线的珠子剪不断，卡耐基想起了一个古老的传说。据说，有一个国家的宗教审判惯用一种刑罚拷问罪犯，他们把囚犯的手脚固定缚紧，紧接着在头部上方悬挂一个会滴漏的水袋。"滴答，滴答……"水袋就这样昼夜不停地滴着，时间一长，在囚犯听来，那滴在头上的水滴声就像槌击一样尖锐而又响亮，囚犯便会发狂。

卡耐基扪心自问："我日夜为工作担心，不就像那个囚犯一样了吗？一直以来我都是自己在吓自己，到后来让人笑话。况且这只是一份工作，我何必那么在乎呢？从今以后，无论做得好与不好，都不要太在意别人给自己的负面影响。"

想到这里，卡耐基就拿出一张纸，用手头的笔写下了这样几个命题：

1. 用铁墙把过去与未来关闭，生活在"今天"的方框中。

2. 让我烦恼、忧郁的问题是什么？有哪些应对之策？该如何做？

3. 要是我把忧虑的时间用来寻找事情去做，这样我会得到什么？我的理想是什么？

此刻的卡耐基在分析着自己工作上的烦恼，在万籁俱寂中，他全身心地剖析自我，试图找到人生的出口。直至在夜深人静之后，他还是无法平静。到黎明时分，才找到了自身的缺点与症结所在，一丝希望在他心里点燃！

卡耐基是这样想的：有时，一个人的出现可以改变另一个人的命运，人和人之间的影响是相互的。要想成为世界知名人物，年轻时就应该善待工作，不能一味地活在消沉之中。

在卡耐基心情不定的这段日子里，他遇到一位白发斑斑的老者。他注意到虽然老者的行动日渐迟缓，但每日起早贪黑地工作着，这引起了卡耐基的好奇。他问老者："你从一开始就是这样殚精竭虑地工作吗？"老者说："不，戴尔先生，正是因为年轻的时候我没有做好工作，现在这把年纪了，我必须为当时的不努力付出代价。戴尔，你要好好地工作，即使不一定喜欢推销这个职业，但也要把它做好。做自己喜欢的事是自由，喜欢自己做的事是幸福。你现在应该学会获得幸福。"卡耐基笑了笑，瞬间觉得工作不那么令人望而生畏了。

就这样，卡耐基整理好自己的心情，又投入到推销工作当中。

经过几次交往，卡耐基和老者成了朋友。老者带给卡耐基很多积极的影响，他一口气列举了好几位有名的人物，如富兰克·挪瑞斯、杰克·伦敦和亨利·詹姆斯等，还掰开手指头，列出 1901 年到 1910 年间畅销的书籍，而且强调了几本销售量超过一百万册的好书，像杰克·伦敦的《野性的呼唤》、约翰·霍克斯的《寂寞松树的故事》、哈珞·贝尔的《山上的牧羊人》和威金夫人的《阳光溪农场的瑞贝尔》。

"不，老先生，"卡耐基说，"他们是作家，我是推销员，能相提并论吗？"

老者说："戴尔，你应该像他们一样，有着赚大钱的打算，你的职业应当能让你产生冲动，依我看来，写作也许适合你。"

老者的话如醍醐灌顶，令卡耐基恍然大悟。他大学时候就有写作的念头，而且一想到写作就有一股力量，那极其强烈的表达欲望使得他要写，不断地写！写什么呢？写一段浪漫的爱情故事与男女之间高贵悠然的调情取乐；写那些乡镇上人们在工作后的闲聊，讲出一些幽默的故事；写传奇的英雄人物；

写自己在农场里耕地与照料牲口的艰难往事；写烈日与暴雨里辛勤劳作的农民；写拥有勇气与坚定信仰的男士与女士，记录他们为了建立美好家园而同一切困难搏斗的事迹……

卡耐基心中翻涌着创作的激情，这种状态一直潜藏在他的内心深处，看来是要爆发了。他曾经一度认为，自己将一辈子是推销员，不过在感悟到推销工作的苦与乐之后，他又觉得要是当初第一份工作选择写作或许会更好。

卡耐基想把自己的种种想法写出来，无论是好的还是不好的，他都想用语句写出来。他想记录西部密苏里农场的艰苦生活，捕捉生活的真实感受，他还想用文字描绘出农民顽强的性格和玉米田地的气息，以及那些发生在玉米田里的事情。

他整颗心又回归到密苏里农场的农田里。另外，写小说又能够把卡耐基带回演员角色，在小说里他能够成为一位神父、传教士或教师。更重要的是，写作可以给卡耐基一种合理的逃避。

此时此刻，这位又瘦又高、满脸大胡子的年轻人似乎忘掉了身边的机器世界，忘掉了货车、汽车，忘掉了纽约是什么和曼哈顿是怎样一回事，他心里只想着写作：

"要是能给我一支笔与几张纸，那该多好啊！我可以让'卡耐基'这个名字进入到这个绚丽的文字世界，而且不会有老板时刻的叮咛、催促与责备。我不可能一辈子平庸，我一定会得到全美国人甚至是全世界人民的认可，我将成为一个天才作家。"

卡耐基的一位同事喀麦隆知道了他的心思，对卡耐基说："我担心你将成为穷光蛋，因为写作很难糊口。"

"我也这么想过，但我不能一辈子做推销员。"

"难道写作会让你的人生有起色吗？"

"是的，我还记得小时候，我帮母亲采摘樱花的种子时，忽然哭泣起来。母亲走过来问：'你为何哭呢？'我边哭边说：'我担心自己会像这粒种子一样，被活活埋在土里。'现在我叩开了心灵的之门，写作能让我获得我想

— 20 —

要的。"

"卡耐基先生，如果你这样能有出息我恭贺你，只是写作是另外一种职业，需要从头开始，我担心你半途而废啊！就像推销员一样，干一行换一行，换一行干一行，到最后你将一事无成。"

"谢谢你的谅解与提示，告诉你，童年的我也有很多担心，下雨打雷时，担心会被雷劈死；生活不好时，担心将来没有东西吃；担心同学会来割掉我的耳朵；担心死后会下地狱；大点以后，胡思乱想的事情更多，想自己的衣着、举止，能不能被女孩子取笑；担心没有女孩子愿意嫁给我，或者想象结婚的情景，可能是在乡下的教堂举行，接着乘着有彩饰的四轮马车返回农场；在回来的路上，我该如何开口呢？向新娘子谈些什么话呢？但是现在我都想好了，我不能再担心了。"

"为什么？卡耐基先生！"

"我后来才发觉有 99％的担心没有发生，因此担心都不必要。"

"如果你在新的工作上失败了，你怎么看待？"

卡耐基说："失败是常有的，我做推销员不也经常面对失败吗？我现在才发觉我更喜欢尝试另一种工作——写作，即便失败了一百次，有一次成功，也就成功了。"

喀麦隆无奈地看着卡耐基。

从这时起，卡耐基对推销员的工作看来不感兴趣了，有时觉得是在度日如年。他不想像喀麦隆他们那样一直为他人打工，他要发挥自己的潜能。而写作正好与他的所有好想法相吻合。他认为，不当推销员不一定会失去一切，但要是一直固执的话，可能就会失去一切了。

因此，他决定辞职，向另一扇光明的窗户走去。他决定换一种生活，就按图索骥地去面试，虽然并没有找到全职的写作工作，他开始一边工作一边写作的新生活，他立志要当一名全世界都欢迎的伟大作家。

卡耐基变了，工作的转变，让他获得了不一样的人生。

第三节　演讲大师是如何诞生的

上一节说到卡耐基做过销售的工作，还要立志当作家，但卡耐基最出色的职业其实是演说家。而瓦伦斯堡州立师范学院则成为卡耐基演说生涯的起点。

1904年，卡耐基高中毕业后进入了密苏里州的瓦伦斯堡州立师范学院，那时的他还不知道将来从事何种行业。卡耐基只是想着被培养成牧师和教师的可能，但是，当他在学校里看到辩论会和演说赛十分吸引人，而且胜利者的名字会广为人知时，他有一丝心动。

卡耐基经过深思熟虑，认为这是一个成为学院英雄人物的好机会，不然只想当牧师或教师的话，就很有可能无法逃脱在学院里默默无闻的命运。

卡耐基不甘于平庸，他决心走出一条属于自己的道路。

但演说家的道路并非一帆风顺，卡耐基历经了无数挫折和失败后才取得了最后的成功：

在本章第一节中已经说过，卡耐基的童年是忧郁的，并且由于卡耐基所在的家乡时常遭到洪水的袭击，卡耐基家的农场损失惨重。从那时开始，卡耐基就体会到，必须要改变命运，不能像父亲的一生那样碌碌无为。

卡耐基陷入了深深的思索之中，他想起了母亲的话："你可以从其他方面超越别人！"

卡耐基如何超越别人呢，他经过很长时间的选择，确定了在演说赛中夺魁的目标。然而，在瓦伦斯堡州立师范学院的演说赛中夺魁并不是一件轻而易举的事，在此之前他要加入一个社团，只有赢得了社团的所有比赛，才有资格参加社团之间的比赛。

卡耐基参加了很多比赛，但大多都以失败告终。这时候，卡耐基对自己产生了质疑，他站在家乡的 102 号河畔仔细地思索着。在三十年后，卡耐基关于这件事，笑着说："对于自信满满的人，总是承受失败也是一种不小的打击，但如果不能正确面对那接二连三的失败，最终的结果注定是失败。"

卡耐基没有因失败而灰心丧气，他对自己说："在哪里跌倒了，就从哪里站起来。"卡耐基这样说也这样做了。

这一年，卡耐基以《童年的记忆》为题发表演说，最终取得了勒伯第青年演说家奖。这就是卡耐基的信念：功夫不负有心人，只要坚持努力，就必定会取得成功。

卡耐基在学院演讲赛中夺魁是他走向成功的新起点，也为他以后的教学课程打下了基础。

1908 年，卡耐基已经成为享誉全学院的风云人物，老师和同学都对他刮目相看。可卡耐基并没有就此停步，他希望进一步扩展自己的演讲效果。

在本章第二节中曾说到，卡耐基做了推销员的工作，但推销员的生涯并没有让卡耐基找到未来的方向，他对自己定位着：我要努力找到自己的方向，开辟一条崭新的道路，使我的才能得以最大程度的发挥。这是卡耐基对生活的宣言，也是对自身的挑战。

他还记得，有一天傍晚，在回家的路上，他看到有一些人聚集在一起。便好奇地走过去，这时一位金发女郎微笑着对他说："尊敬的绅士，您听过今天的营销课吗？那些'商业'理念是怎么一回事呢？"卡耐基说："工业化、都市化和外来移民三大力量造成了我国商业的蓬勃发展，纽约现今早就成了全美的商业中心与商业象征。又由于铁路的迅速发展与汽车工业的形成，工厂与零售商得以开发出很大的国内市场；当然，还得益于电报电话等电讯事业的突飞猛进，商业得到了越来越快的发展。随着制造业与商业的快速变化，商人的角色也有了快速的转变，中间经理人等新型行业也随着多元化的商业而生。这时，出现新的管理技巧、组织方法与控制方式就成了必然！还有，商店组织化、权威阵线、注重责任和讲究沟通都在进一步发展。所有这些都构成了现代的'商业理念'。你一定要明白，商业理念是个系统化的概念！"

金发女郎听后，显然对卡耐基的回答很满意，她说："你讲的很不错，我一下子就明白了，我现在要去上课了。"

"上课?"卡耐基很疑惑，因为这里没有中学也没有大学。

金发女郎解释说："你没有听过'青年会'吧? 看，就在那里!"说完，金发女郎走向了她刚才指着的大楼。

卡耐基随后也走进了那栋大楼，发现里面还有一所夜校。这时，一则贴在墙上的招聘社会学教师的广告引起卡耐基的注意，他心想："我要去试一试，说不定就会成功了呢!"

第二天，卡耐基早早地来到了这栋大楼，准备接受夜校的面试。在一间小办公室里，对方问："你就是戴尔·卡耐基? 能谈一谈您对成人教育的理解，以及您来应聘的原因吗?"

卡耐基说："我从大学毕业到现在，做过推销员、演员、公共汽车售票员等工作，积累了相当多的工作经验。更重要的是，我在学院里参加了大量的演讲与辩论比赛，所以我自信能做好这一份工作。我认为，成人教育不单单是指学到科学知识的教育，更要涵盖对人们创造美好生活的培养。成人教育应该是一门社会关系学方面的学问，在这个意义上，成人课程必须区别于传统教育。成人们想增进和发展一种技能以增加生活的各种实效性，这是现今商品社会化所产生的必然趋势。"

对方点点头，接着问："在此之前，你对青年会有多少了解?"

卡耐基说："青年会是个非常重要的教育机构，它不同于大学和学院，是与女青年会、青年健康组织、兄弟会等一样重要的组织，被广大纽约人与美国人看作是成人教育的中心。"

"很好，下个周末您要来试教一次，我们才能决定是否聘请您!"

卡耐基回到自己的住所后，开始认真看书，为试教成功做好了充足准备。转眼就到了试教的时间，教室里有很多学生。卡耐基向大家鞠躬后，说："首先我要给你们说一个关于我的事情!"大家都屏住呼吸，于是卡耐基意味深长地讲述了自己的成长经历，讲起了那些困顿与诱惑，讲起了那些打击与挫折。

最后，卡耐基说："我曾经在农场里种了很多树，它们在一开始长得很快，后来一场风雪使得小树上挂满了沉甸甸的冰。这些小树并没有就此屈服，而是反抗着、支撑着，结果在沉重的压力之下折断了！我有时在想，我就像这些小树，可以承受一切挫折与颠簸，但必要时也需学会弯下身子，这是正能量的一些切身体验。想想的确也是如此！"

这些话让学生们觉得备受激励，他们似乎重新获得了生活的勇气与信心。

很显然，卡耐基的试教十分成功，在长达两个半小时的演说之后，人们还不愿意离开，有的过来与卡耐基握手、拥抱、问候。

卡耐基很恭敬地面对前来祝贺的人，在一片赞扬声中，卡耐基决定与青年会的主任讨价还价，来确定薪金。

"很抱歉，先生，您的演说虽然很成功，可是我们需要的不是心理医生，而是一个能够教授公众演讲的教师。"卡耐基听到这句话，心里一沉，但马上说："我也可以启发学生如何演说啊，可以把技巧与方法传授给他们。"

主任考虑了很长时间，最终决定聘请卡耐基担任讲授"怎样演讲"的老师。他又说："薪水按课时计酬，基本薪金是每堂课一美元。"但卡耐基却坚持要求一节课两美元。主任用怀疑的语气问道："如果给你这么高的工资，你能保证招来更多的学生吗？""能，我保证！"

"行，就答应你吧！"说完，主任从抽屉里拿出一张文件纸，说："来，我们签订合同吧！"

卡耐基便有了一份稳定的收入，从那时起，卡耐基就白天写作、读书与备课，晚上到青年会里讲课。他的课程被称为"卡耐基课程"，他的教室被称为"卡耐基教室"。

一开始，卡耐基每周上两次课，向人们讲授演讲的正确方法。所有的人都十分感兴趣，他们不但可学到自己所欠缺的演讲技巧，还可以在卡耐基课程里了解这个青年教师的成长过程。

到后来，因为学生太多了，几乎要挤破教室，卡耐基只得每个晚上都上课。

有一次，卡耐基发觉自己陷入了尴尬的境地，每当他舌若莲花地讲课时，同学们总是听得津津有味，可每当他要求一个学生站起来讲一讲相关的内容时，得到的回答往往是："对不起，我还没有做好准备！"

对于这些，卡耐基显得忧心忡忡，在回到自己的住处后来回踱步，同时不停地搓着双手，他在思考着："我的学生大部分是商人，是管理者，是成年人。他们要的是成绩，我要教给他们一种站立的方式，一种谈话的方法，让这些人在一场展示会或者会议中有效地表达出自己的观点与想法。可是，我做的所有都没有什么作用，如何是好呢？"

想到这里，卡耐基便重新编排了课程内容。在第一个月的授课中，卡耐基发明了一套让学生开口说话的方法，他让所有的学生都讲一下关于自己的故事。

有一天，青年会的主任找到卡耐基，问："戴尔，你是用怎样的方式让人们开始演讲的？听你讲课的人越来越多了。"

卡耐基说："我也没有特殊的方法，只是让他们讲一些最轻松的话题，例如孩提时代的经历、让人生气的事情和一生中最悲伤的事情等。这样一来，我引出话题，使他们自由地倾诉心中的感想。实际上，许多人不善于表达，是由于他们内心深处有一种恐惧，害怕表现自我。"

卡耐基的解答是十分有道理的，"恐惧是造成不能有效演讲的基本原因"。卡耐基的方法不仅别出心裁还非常有效，只要人们讲到内心深层的感想就会变得滔滔不绝，而且此时的说话内容都是即兴发挥的。卡耐基也发觉自己的课程越来越受欢迎，太多的人来听他讲课，有的人为了听一次课，甚至从一百多英里外驱车前来。一班接一班，一夜又一夜的课程，让卡耐基赚获了大量的薪水。在一个季度里，他的薪水提到每晚三十美元一节课，这可是一开始时两美元一节课报酬的 15 倍啊！因为每晚他要一小时一节课地上三节课，学生又都是为他而来的，青年会找不到理由不付给他更多的钱。

与此同时，卡耐基也在授课过程中不断完善自己的课程设想，他后来在书里总结了自己的讲课经验：

1. 尽可能让每位学生都觉得轻松自在。

2. 当演说者因为对主题缺少感觉或知识，造成演讲中存在大量错误时，这时只能充分地准备教材才可以补救过失。

3. 千万不可选用那些自认为有意义或重要的题材。

4. 要不断地提高效率。要积极地想办法建立学生的信心，对生活中的不开心有清醒的认识。大量的年轻男子天天都会遭到老板的批评或者受到客户的刁难！在学校里，很多的人都有违规受罚的经历，这些都是让人们害怕演讲的原因……

当卡耐基写下这些时，脑海中浮现出很多情景，包括每一节课上的情景、活生生的现实人物，卡耐基还想起他要求所有学生们每一节课至少有一次机会离开座位面对全班说话。

还有，在"烦恼的副作用"那节课上，矮个子卡森站在台上胡说乱说，一会儿说全市各处在种牛痘防治天花，一会儿说已被胃溃疡折磨了很多年……但是他到最后都没有说清楚，麻烦事是如何影响健康、学习与工作的。

还有安娜大谈纽约的都市化，又仔细地谈论大学教育的普及是如何重要，还有青年男女如何获得甜蜜的爱情、美满的婚姻与家庭……

还有一脸忧郁的沙鸥夫人，总说自己害怕去上班，害怕遭到上司的调戏……

课堂上的种种情景历历在目，卡耐基受到很大启迪，为自己的教案写入新的方案。当卡耐基写好后，走到了窗前，看到窗外各色的事物，他觉得很兴奋。

好久没到外面溜达了，于是他决定带着房东的宠物狗去公园散步。这是一条波斯顿斗牛犬，但卡耐基没有给狗系上链子，也没有戴口罩，在逛公园时，他遇到了一位骑着马的巡警。巡警看到卡耐基和那条让人担心的狗，问："公民，你为何让你的狗跑来跑去，还不给它系上链子和戴上口罩？"

卡耐基一怔，不知道如何回答。

巡警不管这些，怒斥道："难道你不晓得这是违法的吗？"

"是的，我明白！"卡耐基态度诚恳地回答道，"可是，我以为它不会在这儿咬人。"

"你以为不会！你以为不会！法律才不管你是怎么以为的呢！它很有可能在这里咬死松鼠，甚至咬伤小孩。这次我不追究，可要是再让我看到这条狗没有系上链子和套上口罩在公园里的话，你就一定要去和法官解释啦！"

卡耐基连连称是，在巡警走后，就带着小狗到另一个公园去玩。但令人意想不到的是，小狗在小山坡上撒欢的时候，又让另一位巡警碰到了。这一次，卡耐基明白自己栽定了。还没等巡警开口，卡耐基说："这次是我的疏忽，我要是再带小狗出来而不给它戴口罩我就要受罚。"

"好说，好说！我明白在人少的时候，谁也忍不住要带这样一条小狗出来转转。"

"的确是忍不住！"卡耐基回答说，"可这是违法的。"

"像这样的小狗应该不会咬伤人吧！"巡警反而为他找理由。

"不，它可以咬死松鼠！"

"哦，那事情有点严重了！我们这么办吧！你只要让你的狗跑到我看不见的小山坡上，那么这事就算结束。"

通过这次事件，卡耐基认识到在演说中把握住对方的心态是多么的重要。我们应以宽容的态度表示慈悲。不然，刻意为自己辩护，结局就会不堪设想。

基于这些，卡耐基总结和整理了一些与人沟通的技巧，他决定在课堂上营造一种和善、支持性的学习氛围，使得课程更加丰富有趣，进一步增强师生间的尊重与信任。

卡耐基后来在书里说：一个人要想取得事业上的成功，15％来自于他的专业技能，85％来自于他的人际关系和处世技巧。卡耐基的基本教学框架着眼于人们自信心的培养与人们之间的沟通、交往的方式方法，而且吸取了行为科学与心理学的新成绩，其目标是让人们成为事业成功、家庭幸福、自身快乐的人。

　　卡耐基的这一课程影响了很多重要的人物，比如参议员、州长和一些官员都获益匪浅。

　　卡耐基课程的成功，使他对自己的演讲更加自信。从那以后，卡耐基将自身的正能量传递给越来越多的人，到后来，他的学生遍布全球，他最终成为了全世界人们的演讲大师和心灵导师。

第■章　　　□才的理念

　　卡耐基在□才上有一套独特的理念，这些理念让他的演讲才能得到世人的认可。

　　我们要从中很好地学习，并获得精神上的激励，以□才上的功夫成就自己。

第一节 演讲与谈判的制胜关键

上章第三节概述了卡耐基如何走上了演讲之路，而本节将着重谈谈演讲与谈判的制胜关键！

卡耐基发现，克服畏惧与胆怯的心理，并找到勇气和信心，这一点是获得演讲成功的重中之重。还在"戴尔·卡耐基课程"开讲之前，他就做过一个调查，请大家来谈谈上课的原因以及获得的启发。调查结果显示，很多人的中心愿望与基本需求是一致的，他们认为："当我站起来讲话的时候，会由于害怕而不自在，我不能清晰地思考，无法集中注意力。现在我希望获得自信，在站起来时能够有逻辑地阐述自己的观点，并使用富有哲理的语言使人信服。"

卡耐基认为，在演讲与谈判中，要达到这种效果，需要注意很多方面。

卡耐基说，受训者应该让自己投入到未来的形象之中，并努力使之成为现实。自信并流畅地说话对一个人来说很重要，这一能力是人们事业成功的助推器。一度担任美国国家现金注册公司理事会会长、联合国教科文组织主席的艾林先生，曾发表过一篇名为《演说与领导在事业上的关系》的文章，他说："在商业之中，很多人是在演讲台上受到重视的。"这使得卡耐基的学员以此为激励，从而侃侃而谈。在卡耐基的学员中，有一位亨利·柏莱史东先生，他是美国舍弗公司的总裁，他说："和他人有效地谈话，并获得他人的合作，是我们升职的一种正能量。"

卡耐基说，他曾进行过多次环球演讲，每一次以语言的力量赢得全场的认可都会让自己很快乐，这是一股力量感，一种强劲的感觉。卡耐基经常会设想自己满怀信心地面对着观众的场面，感受着离开讲台时温馨的掌声。

哈佛大学的心理学教授威廉·詹姆斯是卡耐基的朋友，他写过一段话，这段话曾对阿里巴巴产生过深远的影响："如果对结果关心，就必然会完成；如果渴望做好，那就会做好；如果渴望致富，那就会致富；如果想博学，就能博学；只有如此，你才能全心全意地去做渴望的事情，而不是浪费时间去做其他的事。"

为了获得与人对话的自信和勇气，很多学员参加了卡耐基的"有效说话"课程，这一课程着重培养学员泰然的说话风度，以至于说起话来能够头头是道、伶牙俐齿，让家人、朋友、事业伙伴与顾客刮目相看。

这种课程的练习甚至能改变人的性格。对此，卡耐基咨询过大卫·奥门医师，大卫·奥门医师认为："就心理与生理健康的观点来说，当众演说练习的好处在于培养一种能力，使人能够看到脑海与心灵。当你在他人面前表达自己的思想与意念时，你会很容易发现真实的自我。"这会让一个人在与别人说话时自信心增强，性格也会变得温和而美好。

众所周知，几乎所有人都要当众讲话，但却很少人明白它对健康的好处。这会让人神清气爽，是以前感觉不到的。

在交谈之时，就应该把眼光放在增加信心和提高效率的目的之上。这不会让努力白费，会取得成绩。

卡耐基说，一个人在发表演讲时应该保持轻松愉快的心态，并下定决心说好每一个字词，这样才能达到言简意赅的程度。卡耐基讲了一个故事：

有一位青年人，他现在已经是商业中的传奇人物，可是在大学时他常常由于口才不佳而受挫。老师规定五分钟的讲演，他却坚持不到一分钟，就匆匆忙忙地下台了。但是这位青年学生不愿就此放弃，他决定要做一位优秀的演说家，并为此付出了艰苦卓绝的努力，最终成为了美国政府的经济顾问，这个人就是蓝道尔。蓝道尔有一本著作叫《自由的信念》，他在书中指出："我的演讲行程通常排得满满的，出席的场合很多，我曾经到密歇根州的艾斯肯那巴发表演说，和米基·龙尼下乡做慈善演讲，还和哈佛大学校长柯南以及芝加哥大学校长胡钦斯下乡宣导教育。我明白听众想要听到什么，对他们渴望了解的演讲方法也有一定的见解，我告诉他们其中的窍门，那就是：只要乐意去学，就没有什么是学不会的。"

卡耐基认为，很多参观者与蓝道尔先生有着相似的看法。在努力成为沟通强者之前，意志很关键，要能让意志改善沟通。

在卡耐基训练班里，有一个房屋建造商，不过这个房屋建造商并不满足于自己的现状，他想成为"全美房屋建造协会"的发言人。他还想环游美国，告诉人们他在房屋建造业中所遇到的问题和获得的成就。不过，他要达到这些目标，是需要演讲的，难免会遇到一些地方性的问题。在他准备演讲之时，他不会错过上课的时间，结果进步很快。通过两个月的培训，他已经成为了班上的优秀者，还被选为班长，这个人的名字是哈佛斯蒂。一年之后，导师这样说："我几乎忘记了哈佛斯蒂这个学生，有一天早晨，我打开《维吉尼向导》，竟然发现了他的一张照片和一篇赞誉他的文章。"

对于此，卡耐基说，要想成功应具备这样的条件：用欲望提升热情，用毅力削平高山，还要相信自己能够成功。

在卡耐基的演讲口才训练班里，有这样的一个规定：要求学生每天至少要在同学面前演讲一到两次，这是为什么呢？

卡耐基认为，如果不当众说话，就不会在大庭广众面前演讲好，这就好像一个人如果不下水便永远也学不会游泳一样。

卡耐基还讲过这样一个故事，他说萧伯纳会在当众演讲时声势夺人，萧伯纳有这样的一句话："我会用我学习溜冰的方式来演讲，不至于我当众出丑，从而让我觉得习以为常。"在年轻时，萧伯纳是很害羞的，在他去拜访他人时，往往会在门外犹豫一段时间，才有胆量敲门。关于这一点，萧伯纳说："有很多人会为这样的害羞而感到痛苦，甚至觉得羞耻。"最后，萧伯纳用最好、最快、最有把握的方式克服了这种羞怯、胆小与恐惧，他决定把自己的弱点变成强有力的优点，便去参加了伦敦的一个辩论会，同时还热心于社会运动，到处发表演说。后来，萧伯纳成为了20世纪上半叶最有信心、最出色的演说家之一。

卡耐基认为，勇敢地开口说话是演讲与谈判的制胜关键之一，卡耐基还说，演讲与谈判的机会到处都有，在公众聚会里，你要勇敢地站起来说话，才能让自己出人头地。要洒脱地参加会议，并且还要多参加相应的团体活动，只要我们用心关注身边的事情，就会发现，没有什么商业、社交、政治、事业以至于邻里间的活动是不用你举步向前、开口说话的。

因此，要在演讲与谈判上制胜，就必须主动去开口说话，并且应该抓住机会不断地说。

在卡耐基的口才训练之中，一是训练演讲口才的能力，二是训练谈判口才的能力。在演讲与谈判之中，都要借鉴他人的经验，把他人的经验借鉴得当，对自己的进步是有帮助的。在他人进行演讲，和他人谈判之时，要了解有关他人的状况，包括文化背景、性格秉性、生活习惯、爱恶嗜好等。此时不能莽撞行事，以免让他人感觉到不可理喻。

在不同的国家演讲，卡耐基认为，应根据各国的国情和现状采用不同的演讲方法与演讲内容，并尊重其文化背景和历史渊源。

而谈判桌上，则要很好地抓住其中的制胜关键，下面简述一下在与几个典型国家和地区的人谈判时应注意的事项：

如果是和德国人演讲与谈判，要明白德国是一个充满理性的国家，德国人在做事情时会一丝不苟，会认真地注重每一个细节，而且会把计划设计得十分周密，并一步步地去实现。

德国人的谈判方式很特别，他们的准备工作也会做得很充分。这是和德国的民族个性相连的，德国人不喜欢含糊其辞，他们要想达成这笔交易，就会很准确地表达自己的意愿，并希望通过谈判来达成合作。在此期间，对于如何交易、谈判的实质问题和中心议题等问题，德国人都会慎重地考虑，并做出一份完整的计划表，然后按照这份计划表一步步去实现。

因此，如果要和德国人打交道，就要做好打攻坚战的思想准备。在谈判过程中，最好在实质性的问题上先走一步，例如在谈及产品的价格时，要抢在德国人之前说出自己的想法。要表明自己的立场，这也是此次谈判的制胜关键。

德国人是聪明的，他们中的犹太人更是商业中的佼佼者，在遇到实质性的谈判问题时，德国人会善于占据优势，并把自己的意图引入谈判的最后阶段。

在和北欧人进行演讲和谈判之时，北欧人通常会表现得随和、平静，常常会沉默寡言，在讲话时会有条不紊，即使生气也不会表现得过分激动。

北欧人这么做是不想被对方窥破秘密，并表达出自己的立场。然而，北欧人一旦遇到咄咄逼人的对手，就很容易被对方压制住，找不到合适的时机提出自己的看法。

在谈判桌上，北欧人不喜欢对手耍花样，他们的态度也很坦率和公正。北欧人会首先向你表达他们的立场和态度，以示诚意。

卡耐基还发现，北欧人如果遇到了一些演讲和谈判的敏感问题，他们不会逃避，而是提出一灵活的解决方案，从而让气氛活跃起来。通常来说，他们的建议是有一定参考价值的。相对于北欧，西欧的法国人则会斤斤计较，并且固执己见，想为自己赚得更多的利益。

卡耐基认为，在与北欧人谈判时，要投桃报李，以诚相待，这样才有可能取得谈判上的胜利。另外，对北欧人要采取灵活有效的方式，并积极寻找达成协议的策略，这样才能相互信赖，充满信心地把事情做成功。

在与美国人演讲与谈判之时，要掌握美国人的特征。尤其是在第二次世界大战之后，美国成为了世界超级大国。因此，他们难免会有唯我独尊的气势，会对对方不屑一顾。在与美国人谈判时要尊重、理解，并且对他们的威压、警告等强硬的态度也要予以容忍。

曾经有一个评论家这样批评一些美国人的谈话方法，他说："美国总统的顾问都会有火药味，就像核弹一样容易引爆，而他们往往缺乏应有的谈判知识，在遇到谈判的实质性问题时，可能对大家要遵守的规定不予理会。不过，在各种谈判之前，他们是信心十足的。"

卡耐基认为，美国人相对来说更崇拜力量，并且从不怀疑自己的这套思维方法能够通行世界，在世界的各个角落发生效应，以为只有自己的决定才是正确的，所以难以听进对方的陈述。他们往往会让演讲的气氛显得紧张，因而和他们交流、谈判并不是一件轻而易举的事情，如果不能耐心地倾听他们强硬的理由，容忍他们蛮横的态度，那么场面就会变得很难堪。因此，如果想要和美国人做生意，你需要更加宽容大度。

卡耐基指出，要想在与美国人的演讲或谈判中胜出，就要做好充分的思想准备，能够以柔克刚、机敏果断。还要记得，美国人在谈判时，往往会用"不"字，这样的事情发生在他在踌躇之时，通常他们不会说："等等，让我思考一下！"而是采用强硬的"不"字来拒绝，可以看出他们明显的气势。而且美国人喜欢夸张的表达方式，对他们的话不能完全相信，而需要经过认真地判断与思考。但值得肯定的是，美国人在竞争中遭遇失败时，会从自身找原因，从而重整旗鼓，期待在下一次竞争中反败为胜。

在和日本人进行演讲与谈判时，要意识到，日本人十分注重团队协作精神。而他们个人的能力往往并不是多么的出色，尤其是他们的语言表达能力更为差劲。在演讲与谈判中，语言是关键的一环，如果运用好了语言，就算是成功了一半。不过，卡耐基在与日本人接触的过程中发现，日本人说话干巴巴的、毫不生动，很难打动别人。

日本人大多不善于交际，他们交往的圈子往往仅限于亲朋好友之间，这也是造成日本人语言能力差的一个重要原因。在日本社会，集体主义精神受到广泛推崇，他们做事基本就是团队的行动。在个人与团体的配合上，日本人显得十分默契，也做得相当成功。卡耐基说，日本人的个人能力并不突出，也难以一夫当关，所以需要和团队配合，这样他们才能受到重视进而做出更大的业绩。

日本是一个十分讲究配合的国家，这种观念扎根于他们的脑海之中，也成为他们为人处世的重要准则。

在日本，人们注意的并不是卓越的个人能力，而是与团队配合的能力。日本人在遇到需要办的事情时，往往想到的是依赖团队。他们的团体遍布全国，形成了一张张网。因此，卡耐基说，日本人就像生活在"网"里，受"网"制约的同时也受"网"的保护。

要想在与日本人的演讲与谈判中制胜，就不能忽略个人与组织间的协调能力。如果把日本人和团体隔离开，他们通常会显得茫然不知所措。要是在一对一的竞争与谈判之中，失败的往往是日本人。因此，对日本人要尽量采取一些分化瓦解的策略与方式。

在和日本人进行谋事的时候，不要轻信他们做出的承诺，由于他们一些人的承诺是随便的，很少会考虑到他人的感受。你可以看到这样的事情，当你和日本人进行谈判之时，如果他对双方之间的一些问题提出要求或做出承诺时，他会说："可以，可以，我们一定加倍努力！""请放心，我必定会办得十分成功，达到您的满意！"然而，最后的结果却是当这次谈判结束之后，日本人往往并不会付诸实际行动。如果你要求日本人兑现承诺，他们很有可能会不知所以然地说："我答应过你吗？"给你当头一棒，不知如何与其继续合作下去。

在与阿拉伯人演讲与谈判之时，要了解，阿拉伯人主要生活在沙漠里，喜欢结成紧密稳定的群体，其个性豪爽粗犷，待人热情。遇上能谈得投机的人，他们会很快把你当作朋友。阿拉伯人一般好客还不拘泥，很容易与他们打成一片。

阿拉伯人的时间观念不是很强，他们不像欧洲人那样有准确的时间表，每一分钟都有自己要做的事情。他们做事常常随性而为，有时热情得让你不知所措，可有时又能冷漠得让你无法接受。

在阿拉伯人的眼中，最为重要的是名誉与忠诚。他们认为，一个人名誉的好坏是人生的重要大事，名誉差的人无论走到哪里都会受人鄙视，遭人白眼。而且，只要名声败坏，要想补救就必须付出巨大的代价。因此，和阿拉伯人打交道一定不能干出格的事情，要知道获取了他们的信任，就等于为你的谈判开好了绿灯。

在谈判的开始阶段给阿拉伯人留下良好的印象十分重要。这是制造良好气氛的开始，有助于让谈判气氛更加融洽。

或许这需要花费很长的时间，耗费很大的精力，可是，"磨刀不误砍柴工"，有了良好的开始，接下来就会顺利的多。

卡耐基在作品中建议，谈判者应能够在制造良好气氛、取得阿拉伯人信任的最初阶段，提出一些试探性的话题，看看双方达成协议的可能性大不大。在经过一段时间的了解后，谈判气氛更加和谐、融洽，一笔生意也就容易达成。

与阿拉伯人谈判，要做好被打断谈话的心理准备，针对阿拉伯人的这一特征重新制谈话机会。也要记得，阿拉伯人的情绪是容易点燃的，要尽量维持融洽的谈判气氛，不让他们有很大的波动。卡耐基知道，阿拉伯人是信仰伊斯兰教的，而伊斯兰教有很多规矩，因此，和阿拉伯人进行谈判时要尊重他们的宗教信仰。如果不尊重阿拉伯人的宗教信仰，最终的结局会很难堪。

卡耐基还说，最好不要对阿拉伯人的私生活感兴趣。固然他们热情好客，可因阿拉伯人所信仰的伊斯兰教规矩很严厉，他们的日常生活带有明显的宗教色彩，稍微不慎，就可能伤害他们的宗教感情。一般而言，这是一个话题的禁区。

在与中国人进行谈判时，要了解到中国是一个有几千年文明历史的古国，深受儒家文化的熏陶，中国人会有他们独特的谈判特征。

要想赢得与中国人的谈判，要知道他们待人十分真诚，如果你把他们当作朋友，那么他们也会把你当作朋友。只要你是善意的，即使做错了事，也能得到他们的谅解。

中国人是懂得尊重别人的，由于他们坚信一个道理：尊重别人就是尊重自己。因此，在谈判桌上，他们往往不会盛气凌人、趾高气扬，也不会采用威胁的强制方式，他们更倾向于在亲切友好的氛围中把事情解决。

和中国人接触，要尊重他们的感情，要尊重他们为人处世的原则。由于儒家文化要求"内敛"，中国人一般都十分谦虚、含蓄。即使作为某一行业的专家，在对方面前，也往往显得谨慎。不过，卡耐基说，谦虚只是一种文化熏陶的产物，并不等于在这一领域内不了解状况、没有信心。

　　懂得了以上国家民族的特征，就要明白，要想赢得演讲与谈判的制胜关键，就应该知道哪些话该说，哪些话不能说，哪些话题是禁忌的，哪些话题是能引起好感的。

　　卡耐基便在此告诫世人，千万不能讲那些不合场合、让人难堪以至于伤人感情的话，不然，所进行的演讲与谈判就很有可能出现我们不愿意看到的结果，达不到我们希望达到的效果。

　　那么，如何达到演讲与谈判的目的呢？卡耐基强调，一定要在其中观察对手，获取对方的动作、举止，并且注意不要太过外露，以免对方采取保护性措施，隐藏真正的面目，在见面的初期给你制造错觉，误导你在接下来的演讲与谈判中采取不适当的战术与技巧。关于这些，卡耐基曾向朋友讲过一个故事：

　　威廉在与詹姆斯的谈判过程中发觉，每次詹姆斯遇到不高兴的事情时，总会下意识地挠胳膊，这给了威廉一个明显的信息：此时詹姆斯感到心烦。威廉就能够因此来调整自己的说话方式，最终在与詹姆斯的谈判中制胜。

　　要想了解一个人，不仅要从他的语言信息着手，还要从他的个性特点、举止等对他进行深刻的了解。卡耐基提醒我们，在了解一个人时要注意以下三个方面：

　　（1）资料提供者是不是一个非常喜欢夸大其辞的人。

　　（2）资料提供者是不是对你要知道的人和你的谈判对手抱有敌对态度。

　　（3）资料提供者所提供的资料是否是谈判对手刻意泄露出来的，还是资料提供者和谈判对手事先串通好了。

　　特别应注意第三个方面，这种情况在现在的演讲与谈判中大量地存在。刻意制造、传播假信息引诱对方上当的行为已经屡见不鲜了，这就需要我们去伪存真，筛选到重要的信息。

　　卡耐基还说，要想赢得演讲与谈判的制胜关键，应该对对方的资料细细研读、分析和思考，包括他的演讲稿、学术著作、讲话稿。特别要留意他的演讲稿，这是即兴演讲所作的记录，是没有经过刻意推敲、润饰、整理和修正的，所以显得十分直接和真实，有助于我们从中更好地突破。

第二节　自身实例的即席演说

卡耐基在走上演说家的道路之后，一天，有位朋友向卡耐基推荐了有关家庭主妇的节目。卡耐基看后，对主持人能够当众发话非常赞同。虽然这些主持人不是职业的演说家，但他们的说话方式十分惹人注意。他们能够克服掉镜头前的恐惧，并且捕捉到观众的想象力。卡耐基指出，这些主持人能博得观众的喜爱，得益于他们表达了自己想要说的东西。

卡耐基认为，当众说话要掌握一个原则，这个原则是：说自己的经验或研究的事。因此，卡耐基十分赞同当众演说时，说自己身边的事情，谈自己的切身体验。还在许多年前的卡耐基训练班上，一位学员说："自由、平等、博爱是很重要的思想，没有自由的话生命就没有价值。如果我们的行动因为自由受到牵制，我们将会是一种什么样的生存状态？"卡耐基在面对这个问题时，为了能够让对方知道亲身经历所带来的效果，便讲述了一个故事："有一个法国的地下斗士，他和家人在纳粹统治时期受到了侮辱，他用生动的词语说明如何逃离德国最终来到了美国。在结束时，他这么说：'现在，当我来到密歇根街的饭店时，我可以自由地出入，我身边的警察并没有让我出示身份证件，在事情结束之后，我可以按照自己的选择去其他的任何地方，所以应相信，自由是应该努力去争取的。'他的演说赢得了热烈的掌声，不过，以自己的亲身体验演说并不容易让演说者接受，因为他们认为运用自己的个人经验带有一定局限。他们宁愿会激昂地谈一些概念或理论，但是这些会让听者觉得空洞，结果往往以失败而告终。"

卡耐基的话是很有道理的，卡耐基的前辈爱默生便是一个很愿意倾听的人，爱默生并不在乎对方的身份地位，但他能够感觉到对方身上值得自己借鉴的切身体验。也就说明，当演讲者发表演说时，如果谈论的是自身实例，即便很琐碎，也不会让对方觉得乏味。

在卡耐基训练班上，有一个叫乔治的人，他在发表演讲之前，在报刊上买了一份《弗贝杂志》，并十分感兴趣地读着。一个小时之后，他准备就这篇文章发表观点，不过，此时他并没有完全消化理解这篇文章，如何去打动听众呢？他在演说里很少提及自己的观点，在他讲演完，卡耐基问："乔治，我们对那篇文章的作者并不感兴趣，因为他不在这里，我们看不到他。但是，我们却对你和你自身的观点感兴趣，能告诉我你个人是怎么想的吗？不要被他人的想法所左右。"乔治只好再看一看这篇文章，确保是否是同意作者的观点。当乔治吃透了这篇文章之后，发现自己竟然不赞同作者的看法。他开始在记忆中寻找实例来证明自己的看法，并用自己的经验来推广自己的理念。在第二次演讲之中，由于他融合了自身的背景和信念，结果大获成功。

卡耐基因此说，演讲者要知道什么才是合适的演讲题目，如果有相关经验，那么就要让这种经验变成自己的，这才是合适的题目，而如何去寻找题目呢？要深入到回忆里，去寻找那些印象鲜明的东西。卡耐基曾根据怎样吸引听众的关注做过一项调查，他发现听众喜欢的题目往往和一些特定的人物背景相连。例如，早年的成长经历，在学校里的学习经历，在长大后如何克服障碍，这些是能引起听众的兴趣的。还有自己的愿望与努力，也会洋溢着人情味，能够吸引更多的关注。你也可以告诉大家，在这激烈的竞争之中，你所遭遇的挫折，还有你虔诚的话语，这些都是会吸引别人关注的方面。在你爱好和娱乐的事情上，你要表现出发自内心的热忱，就会把这个话题清晰地呈献给大家。

除此之外，还要关注知识领域，你很多年从事同一个行业，会让你成为这个行业里的专家。你用很多年的经历来探讨自己职业、工作方面上的问题，自然能引起听众的关注和尊敬，并由于你与众不同的经历而达到良好的演讲效果。在信念和信仰方面，你要摆正自己的心态，要是你曾经花费了很多时间来研究一个问题，你自然能够在这上面使得别人信服。同时你还要证明你自己的信念，听众可不喜欢千篇一律的演讲，也不要认为，随意读一些文章

— 43 —

就可以谈论这个话题，自己不了解的领域最好避免。

一个人演讲水平的好与坏，往往直观地体现在他即席演说的能力上。演说者和听众之间的默契也体现在这一点上，卡耐基曾讲过一个故事："有一天，一批商场的领袖与政府的官员在一个制药公司的仪式上聚会。公司研究处处长的下属们一个个起立发言，讲述了生物学家和化学家正在进行的重大实验工作。他们正在研制舒解紧张的新镇静剂，发明对抗过滤性病毒的新抗生素和抵抗传染性疾病的新疫苗，他们先用动物、再用人做试验。结果这个演讲出奇地让人满意。'真是很神奇，'一位政府官员的研究处长说，'您的手下都是魔术大师，只是为何您不起来谈谈呢？'研究处处长说：'我只能对自己演讲，是难以面对观众的。'过了一会儿，另一个政府官员说：'我们还没有听过研究处处长的发言，现在大家是否愿意让他讲几句？'于是响起了热烈的掌声，研究处处长不好推脱，只好站在那里，僵硬地说了几句。然后，他又为自己没能仔细解说而道歉，这样看起来，他似乎说了一些无用话。其实，一个行业里的带头人物，说起话来着实不该这么吞吞吐吐，他完全能够学会即席演说。"

在训练班里，卡耐基要求学员们坚决、勇敢面对演说前的恐慌。如果学员这么说："我要是有预先练习的话，就不会有这个困难。只是出人意料地让人站起来讲话，难免会不知所措。"卡耐基建议：在情急之下，可以收拢自己的思想。

在现代社会，由于商业的需要，口头的沟通显得越来越重要，这使得即席演说的能力越来越得到重视。我们要能够迅速地转动自己的思想，并且很好地遣词造句，这会让你在谈判桌上出人一头。由于在谈论里，个人的观点要强劲有力才会对集体发生作用，所以即席演说要生动突出，才能发挥最佳的效果。

一个有自制力的人，应该具备即席演说的能力。有几种方式，能够帮你流畅地表达自己。其一是采用某位著名演员使用过的一种方法。卡耐基说，道格拉斯·费班克曾在《美国杂志》上发表了一篇文章，讲述了一种益智游戏。查理·卓别林、玛丽·皮克福连续两年每天都在玩这种游戏，它要求现游戏的人站着思考问题。根据道格拉斯·费班克发表的那篇文章，这个游戏是这么玩的：

首先，每个人在纸条上写上一个题目，接着马上就这个题目站起来讲一分钟。同一个题目不会使用两次。有一天晚上，要谈"灯罩"，此时有三个人在玩这个游戏。第一个人过关了，其他两个人都机敏了很多，这会让人在很短的时间内思考题目及凝聚自己的知识与思想，并让人学会怎样站着思考。

在卡耐基训练班里，每期都会有几次这样的练习，学生们会听到："今晚要给你们每人一个不一样的题目，等你们站起来的时候才知道自己的题目是什么，祝大家好运！"结果发现，有时让会计员讲做广告的东西，有时让销售员讲有关幼儿园的事情，有时让老师谈论银行业务的事情，有时让银行家谈论教学，有时让伙计谈论生产，有时让生产专家谈论运输。他们是否会选择放弃呢？不，虽然他们一开始说得不好，但他们还是说话了。而且，到最后他们的表现竟比想象中的还要好。这对他们来说，是一件既兴奋又刺激的事情，可以让他们发挥潜在的才能。

他们可以做到这样，其他人也可以做到。只要有毅力和自信，并努力去做，就会把复杂的事情简单化。

这种方式，用于培养不曾准备说话者的效果是显而易见的。当一个人一定要在自己的事业与社交生活里发表演说时，可以多采用这种训练方式，久而久之他便能够轻而易举地应付将要发生的情况。

当人们在毫无准备的情况下要求发言，当希望对某一个东西发表自己的建议时，这时候就面临着当众说话的问题，而且要能在短暂的时间内支配自己的言行。这时，卡耐基建议，要从心理上对这些状态有所准备。不妨在就要站起来说话时，想想究竟要讲些什么，这一次最适合讲述哪些题材，应该以怎样的措辞应对。这样的话，就需要演说者不停地思考，而思考是所有事情中最难做的事。如果即将即席演说，就需要做好心理准备，应像飞行员一样随时准备处理可能出现的难题。即使一位很成功的即席演说家，也是经过很多次没有发表过的演说之后，才让自己具备了即席演说的能力，这即席演说者要求自己随时随地都要准备着演说。有时那个题材你可能已经得知，只是场合和时间需要你费心神。由于即席演说的时间很短，所以你就应该事先确定说哪些方面合适，不要在说过后道歉。

在即席演说中，尽可能地先举些例子，这样做的优点是十分明显的。

首先，你能够从苦苦思索下一句的状态中解脱出来。由于经验十分容易复述，即便在即席演说的状态下也是这样。其次，你会渐渐进入演说的角色。开始的紧张消失不见，你就有机会把自己的题材渐渐温热起来。再次，你能够立刻取得听众的注意。要知道，自身实例是迅速吸引注意力万无一失的方式。

听众会凝神倾听你所讲述的打动人心的自身实例，在演说后很短的时间内，你的能力就会得到认可。

卡耐基认为，这是一种双方沟通的过程，也是吸引听众注意的一个途经。当听众意识到这种接纳的力量时，会想继续听。演说者要用最大能力来做回应，与听众之间建立和谐的关系是演说成功的关键所在，没有这一点，沟通便会出现问题。演说者要以自身实例演说，特别是在人家请你讲几句话时，举例子的效果很明显。

在演说时，演说者要有蓬勃的生机与力量。如果拿出力量与劲头，外在的蓬勃生机就会在心理上产生变化，这种变化会带来有益的效应。你可能会注意到，在交谈着的人群中，有个人突然边说边指手画脚起来，很快地他就说得头头是道了，有时候以至于还会口沫横飞、精彩至极。并且，他会开始引来一群热切的听众，这表明身体活动和心理活动之间的关系十分密切。

要让身体充电，才能迅速地让心灵开展活动。你会注意到，有人在你肩头轻拍一下，请你说几句话，或许你事前没有准备，但它忽然就到来了。特别是在你欣赏他人演讲的时候，主持人忽然叫到了你，并且有很多人望向你，你还没有反应过来，就被认为是下一个演说的人。在这样的情境之下，心思会容易慌乱，此时要保持镇静，向台上的主持人致意，向台下的观众致意，这时候会给你喘息的机会，让你找好开始说的话。

为了让演说轻松愉快，应该讲讲自己的听众，说说他们是谁，正在做什么，特别是他们对社会与国家做了哪些贡献。

也要知道这次聚会的情况与原因，是周年纪念日？是表彰大会？是年度聚会？还是爱国集会？听众会因此扩大相关，使得之间更丰满。

最优秀的即席演说，就是真正的当场表演。它表现的是演讲者带给听众的感觉，他的成功还在于演说的特殊时间，只要听众享受到了心灵、耳朵上的愉悦，就会把你滔滔不绝的说辞视为即席演说了。

在即席演说时不要胡扯瞎说，不要用不合逻辑的语言把无关的事情串联在一起，要围绕一个中心，让自己的意念合理归类。且这个中心是你所要讲述的问题，所举的实例应该和这个中心思想相同，同时在演说时要抱着真诚的态度，这样你会发现自己既显得精力充沛，又达到了绝佳的演说效果，这是那些事先准备好的演说所不能媲美的。

在遇到集会时，可以事先有计划，而且留意随时被请起来演说的可能。要是别人被请起来演说，要看看演讲人的意念与想法是否与自己的一致，这样当轮到你的时候，只需要简明地阐述几句便可以坐下。当我们站起来讲话时，要把自己的思想巧妙地表达出来。我们要学会站着说话，这会是一个好的开始，会让我们讲得容易、讲得精彩。我们也会得知，即席演说也是向朋友们谈话的扩展而已。

即席演说要适时适场合，不管一个人说话的内容如何精彩，要是时机掌握不好，就难以达到说话的目的。只有选择了恰当的时机，对方才会乐意听你的讲话，或者接受你的看法。这如同一个参赛的棒球运动员，固有良好的技艺、强健的体魄，可是他不能把握住击球的决定性的瞬间，或早或迟，球棒就落空了。因此，时机十分关键，只有把握住决定性的瞬间，才有可能实现谈话的目的。

在交际场合中，我们会看到，有些人口若悬河，滔滔不绝，十分健谈；而有些人就算坐了半天，也从不插话，找不到话题。这里有一个"切入"话题机会的问题。

要想"切入"话题，就要找到双方相互关心的基本点。例如，陈先生买了一台电视机，因为质量的问题连续多次来到维修站修理，都未能修好。最后，他找到经理诉说苦衷。经理叫来正在看武侠小说的修理工小马，并且提出批评，责令快速同客户回去重修。一路上，陈先生看到小马闷闷不乐的样子，便问："你看的是哪一部武侠小说啊？"小马说："《神雕侠侣》。""看到第几集了？"小马说："第二十集，可惜找不到第二十一集了。"陈先生说："别着急，这事包在我身上，我有很多武侠小说，等一会借给你看。"紧接着，陈先生和小马围绕着武侠小说你一言我一语，聊得非常投机，一开始的紧张气氛也消失了。之后，不仅电视机修好了，他们俩也成了要好的朋友。

卡耐基说，切入话题时要注意对方关注的中心点，并要考虑切入话题的时机。要是先讲，固然能够给听众造成先入为主的概念，可由于时机过早，气氛还很沉闷，人们还没有适应而不愿随之开口；要是后讲，固然能够进行归纳整理，或是针对他人的漏洞，发表更为完美的看法，可由于时机太晚，人们都已经疲倦，想快点结束而不想再拖延时间，也就不愿再谈了。

因此，卡耐基强调：最好能在两三个人谈完之后切入话题，这样的作用是很明显的：可以使气氛活跃，并且引起他人的注意。

在反映情况与说服他人的时候，要把机会选在对方心情平静之时，因为一些人由于劳累、不顺心或正把注意力集中在其他东西上，是不会有心情来听你说话的。

你可以听到妻子这么抱怨："他回到家里后，就自个儿喝茶，坐下来就看报。要是我问他什么，他只含糊地答一句。要是我想与他聊聊，他的心早就离得老远的，或许还挂着办公室的事。真烦人！"

重视对方，考虑对方何时谈话才有最大兴趣，这是要考虑的。可以想象，白天人们忙了一天，下班后往往是带着一天的劳累回到家。要是这时家人不体贴这种困苦，一开口就是诉苦，就是告状，再有耐性的人也难免会反感。但是，如果妻子先温柔地说："公共汽车是不是太挤了，先好好休息一下！"

然后再把家里的事情说出来，这样就能得到对方的理解与支持。

在与人说话时，还要看对方的脸色，心情好时，会无所不乐，心情坏时，会无所不愁，这一点有必要去明确。除此以外，还应该明白交谈双方的概念问题，这样才会让对方领悟、接受，不容易产生误解。就像某学校为了迎接校庆，作整队的训练。一个学生会干部负责整队。他高声说："高中、初中的分开；男同学、女同学分开；校运动员、校文艺队员分开；都按高矮排队。"大家听完，吵吵嚷嚷，都在问："我站在哪里？我站哪里？"该干部似乎也意识到大家没听懂，于是又重复宣布了一次，可是同学们还是不明白往哪里站，吵嚷了好久，队伍仍然没有整理成形，最终还是体育老师把队伍整理好的。这个队伍为什么整理不好呢？关键是这个学生干部的号令不准确。就像，一个高中的男生，他既是运动员又是高个子，应站在什么地方？一个初中的女生，既是文艺队员又是矮个子，又应站在什么地方？要是按这个概念不明确的指令站队，他们当然不明白自己要站在哪里了。

卡耐基建议，要准确、清楚地把话说出来，才能够很恰当地把信息传递给对方。而说话不等于写文章，文章写了以后，可以字斟句酌，可以修改。而说话则是"一言既出，驷马难追"。所以，要紧扣一个中心，要有针对性。说话要把握重点，条理清晰，才能达到良好的谈话效果。

卡耐基还举了一个事例："有位父亲说，我女儿很小的时候就有出众的才能。有一次，她让我与她妈妈感到十分吃惊。那时，她一岁零四个月，好像是在国庆节的时候。"这里说话者并不明确地点出"一岁零四个月"这个重要信息，还有国庆节的含糊其辞，这会令听者理不清头绪。

所以，卡耐基告诫世人，即席演说要有条理，要从自身出发，要明白先说哪些再说哪些，这样，才会有一个合理的逻辑顺序，不至于让听者摸不着头脑。

第三节　达到好效果的演讲

卡耐基在走上演说之路后，通过多年的实践，总结出了一系列达到好效果演讲的方法。卡耐基说，你认为合适的题目，不一定适合当众讨论，如果有人站起来反对你的看法，你是否会信心十足并且很好地为自己辩解，如果你会，那么你的题目就正确了，要知道，只有对自己的题目有热情、有自信，才会引起大家的共鸣。

这些理论源于卡耐基的生活实践，他曾经到瑞士日内瓦参加某次会议，那时，加拿大的乔治·佛斯特爵士上台讲话，不过，他没有带字条和纸张，这让卡耐基刮目相看。卡耐基注意到，乔治·佛斯特爵士时常地做手势，他想让别人知道某些事情，他的全心投入让听众聚精会神。后来卡耐基在某次教学上也采用这种演讲方式，结果大获成功。

卡耐基讲过一个故事："有一个学院的同学被选出参加学院里的辩论队，在辩论会进行的第一天晚上，辩论教授把他叫到办公室里训话。'看来你笨极了，整个学院都找不到比你差的演说者！'他解释说：'既然我是笨蛋，为什么还挑选我参加辩论队呢？'教授说：'因为我们想要你的思想，而不是要你的演讲。'他莫名其妙，教授就让他把一段话反复地说了很久，最后，教授问：'你发现其中的错误了吗？'他说：'没有！'教授只好再让他反复念那段话，教授又问：'现在，你发现其中的错误了吗？'他说：'我发现了，是我没有用心，说的不是真心话。'从此以后，他把自己融进了演讲之中，他对自己的辩论题目也逐渐热衷起来。终于，教授说：'现在，是你正确地演讲的时机了！'"

卡耐基经常会遇到这种情况，有的学员说："我对很多事情都没有兴趣，我是再寻常不过了。"每当这时，卡耐基就会问他："你闲暇的时候会做些什么呢？是看电影，打球，还是修剪花木？"卡耐基见证了这样的一个实例。有一次，一位学员对卡耐基说："我喜欢搜集有关火柴的书籍！"卡耐基问起他的这一兴趣，他就滔滔不绝地说起来，等他说到自己最感兴趣的话题时，卡耐基打断说："你可以在训练班上讲讲这个题目，我觉得挺有意思的！"他说："从来没有人会对这个话题感兴趣，会认为我的这个热爱不值得一提，所以我也从来没有向谁提起过。"卡耐基说："既然你热爱收集火柴的书籍，我可以认为你是一个收藏家，我相信这一题材，会获得很好的演讲效果。"于是，这位学员就以收藏家的身份讲述了一个晚上，结果果然备受大家的欢迎。

卡耐基认为，演讲者的演讲和听众发生关联之后，会得到好的效应。演讲者要周详准备，如果是热衷的话题，要想取得成功，得考虑另外一个方面的因素，也就是让听众觉得他说的内容对听众十分重要。演讲者不仅要热衷于自己的话题，还要把这种热诚传递给听众。便可以看到，高明的演讲者总会希望听众感受他所感受的，以至于分享他的喜怒哀乐。高明的演讲者会以听众为核心，因为他知道演讲的是否成功并不是由自己决定的，而是由听众来评判的。

还在美国推行节俭运动时期，卡耐基训练班就为美国银行学会纽约分会锻炼了一批人，其中，有一个人不能与听众沟通。为了帮助他，卡耐基首先让他对自己的话题感兴趣。卡耐基让他仔细思考自己的题目，并对其产生热情，还要让他牢记，在纽约有 85％的人去世后都没有留下遗产，有 3.3％的人留下部分遗产。也就是说，不能希求别人施恩，也不能要求别人做他做不了的事，此种状态下，应尽可能地帮助这些人，使他们老年衣食无忧，还会给妻子儿女留下安全感。卡耐基让他相信自己是在从事一项伟大的社会服务。他听了后，仔细地思索着，卡耐基的话最终为他换来了兴趣，激发了热忱，并且使他感觉到了自己身负着巨大的使命。接着他在外出演说时，总是用载满信息的词句传递正能量。他不再重复着现实，而是想让人们拥有信仰，他最终成为了一名传教士。

卡耐基认为，为了能够引起听众的共鸣，最好能通过一定的训练使得自己的声音变得有磁性。卡耐基还说，当与听众沟通思想时，要综合运用许多发声组织与身体的各个部分，如耸肩、皱起眉头、挥动手臂、增大音量、变化高低调门与音调，这样会达到好的效果。但是要记得，这些都是作用而不是因素。所谓音调的变换调节，实际上直接受我们精神与情绪情况的影响。也就是在讲话时，要知道题目的原因，同时要和听众热切地探讨讲题的原因。而且随着我们年龄的增长，渐渐会褪去儿时的天真与青涩，取而代之的是固定的声音沟通模式。我们的说话也开始变得越来越不生动，我们也越来越不会用手势，我们的音调也不能很好地去掌控，看来我们失去了交谈中的生机与活力。我们说话会太快或太慢，用词也会产生疏忽。卡耐基便告诫人们，一定要表现得自然，不要拙劣地遣词造句，讲话自然是把自己的意念很有精神地表达出来。再者，要达到好的演讲效果，还要扩充词汇，并丰富意象与措辞，能在变化的情况下提高表达能力，这些都是一个好的演说家应该具备的。可以评价一下自己的音量和音调的变化与速度，这可以通过录音机得以实现，也可以经过朋友评量。如果是专家指点那就更好不过了。只是当我们站在听众面前时，要全身心地投入到演讲之中，这样便会在心理与感情上产生推动的能量。

卡耐基认为，演讲时自然大方，会把意念表达得清晰明了，也会使演讲变得更为生动。不然，则会像呆木头一样，和听众之间难以很好地展开互动。卡耐基建议，在日常谈话之中，不能只对关键的字加强语气，对其他的字就匆匆带过，而是要对整个句子都进行语气处理。细细留心便可以察觉，周围的很多人谈话都是如此。而如何强制语气呢？这并没有一定的戒条，而是按照具体情况具体而定的。我们知道，如果一个演说家这么强调，那么另一个演说家可能是另一种强调方式。且在一个人的性格当中，没有比坚定的决心更为重要了。卡耐基说了一个故事："有一个小男孩梦想着将来成为一名大人物，他想出人头地，就下定决心，不仅要克服障碍，还要在千百次的挫折和失败之后，不失去坚定的信心，只有这样才可能如愿。"

我们在与人沟通时，声音会由高到低，并且会如此重复，就像大海的表面那样起伏不定。可这是一种自然的方法，不需要学习，我们就可以做到。我们在以前会这样说话，并且是情不自禁的，只是在很长一段时间后，我们会发觉声音开始变得枯燥，尤其是在面对听众讲话时，会让听众觉得单调。我们开始反思自己演讲的效果："我现在的样子就像个木头人，我有必要话语自然，言语中充满人情味。"我们这样说话是否有帮助呢？我们应多加训练，以便研究出属于自己的解决之路。我们应该在选择出来的句子或单词上进行突出表现，要注意音调的高低，一直到自己满意为止。卡耐基说，著名的演说家奥利佛·罗吉爵士、布里安及美国总统罗斯福等人时常这样做。既然著名的演说家都会这么做，那么就有它不败的道理。

还在小孩子的时候，我们和别人沟通，会不断地改变说话的速度。这种方法会让自己感觉自然，也会让别人感觉顺畅。不仅不会有奇怪的感觉，而且带有强调的效果。这也是把要点突出来的最佳方式。在《记者眼中的林肯》一书中，有这样的一些话：林肯强调要点时喜欢用这样的方式，他会快速地说出几个字，当渴望强调某个单词或是某个句子的时候，他会把语音拉长，并一字一句说得十分重，接着就像闪电一般，快速把句子说完，他强调单词或句子的时间，等于平时说五六句话的时间。

这种方式会吸引听众的关注，就像很快说出几十万元人民币，如果口气显得平和，就像是在说一笔小数目的钱而已。接着，再说几百万元人民币，如果语气的速度放慢，就会让人感觉到这是一笔庞大的钱款。这样听起来，就让人能够知道哪些是重点。

林肯在谈话中说到要点时，会停顿下来，希望在听众的脑海中留下十分深刻的印象，同时还会身体前倾，并且看着对方的眼睛。这样子足足一分钟不说话。这种沉默能够吸引人们的注意，让人警觉起来，使注意力集中于对方下一句将要说的话。例如，在他与道格拉斯著名的辩论接近尾声时，一切迹象都显示他已经失败。此时他感到沮丧，他被这种痛苦的感觉时刻折磨着，但这时他忽然停顿下来，沉默地站了一分钟，看着面前那些观众的脸庞，看着他们沉下去的忧郁的眼睛，他把自己的手紧握，仿佛已经感到疲惫了，但是他还是用强有力的声调说："朋友们，无论是道格拉斯法官或我自己被选到美国参议院，那都无关紧要的。可是我们今天向你们提出的这个重大问题才是最关键的，远胜过任何个人的利益与所有人的政治前途。朋友们，"说到这时，他又停顿了一下，大家都屏住呼吸，生怕漏掉了下面的内容，他接着说："实际上在道格拉斯法官与我自己的这根可怜、脆弱、无用的舌头已经安息在坟墓中时，这个问题依然会继续存在、呼吸和燃烧。"

林肯的话是很有效的，为他写传记的一位作者说："这些简单的话，和他当时的演说态度，深深地打动了所有人。"

林肯会在要强调的内容之前停顿一下，以沉默的方式来增加话语的力量，同时也让听者产生共鸣与并受到鼓舞。

另一个人奥利佛·罗吉爵士，在演说中也会停下来，这些停顿都是在关键的段落前后，有时，一个句子中或许停顿三四次，可他表现得十分自然，并且令人不易察觉。没有人会察觉到这一点，除非是专门研究他说话技巧的人。

对此，诗人吉卜龄说："你的沉默，道出了你的心声。"也可以见证，在说话时聪明的沉默，可以产生最大的效应。这是一种强有力的工具，对于吸引听众尤其重要。很多演说者没有达到很好效果往往是把它忽视了。卡耐基认为，要知道在什么地方停顿，其含义、感觉和气氛就会改变。如果你今天在说某一件事情时停顿，你明天还在这件事情上停顿，那么就可让听众知道这件事的重要性了。演讲的成败还在于一个人的性格，性格会影响演讲能否引起人们的共鸣。

有一次，卡耐基技术研究所对一百位著名的商界人士实行智力测验。得到这样的测验结果，在事业成功的多种原因之中，性格的关键性超过优秀的智力。

这一发现意义重大，对商人来说十分重要，对教育家来说极为重要，对专业人员来说尤为重要，对演说者来说更加重要。

便要得知，除了事前的准备之外，演说者的性格是演说成功的一个重要方面。著名演说家艾伯特·胡巴德说："要想在演说中取得听众的信任，不在于演讲的词句，而在于演讲的态度。"只是性格是一种模糊的词语，就像花香一样只能闻到而看不到。很少有人能把握，它是一种精神上的、心理上的、肉体上的、思想、遗传、气质、精力、嗜好、倾向、经验、训练的所有组合，和人的生活状况息息相关。人的性格如爱因斯坦的相对论那样复杂，只有极少数的人才能够了解。

我们还知道，个性是由遗传和环境所决定的，一旦形成很难改变，不过，我们能够加强个性的程度，让它变得更加有力，更为吸引人。我们要尽最大的努力，很好地利用个性。

卡耐基总结了自己的演讲经验，他说，如果希望把特征发挥到最佳的状态，就要事先充分地休息。一位疲倦的演说者是不能吸引别人的，我们不要犯下这个错误。假如你要在下午发表一个很重要的演说，中午你需要吃一顿好饭，你还可以小睡一会儿，以便获得精神上的恢复。

休息是每个人所需要的，不管是精神上还是肉体上，都缺少不了休息。同时，要达到好效果的演讲，你还要注重衣着和仪表，它是你的形象。卡耐基讲了一个故事："有一天，一位担任大学校长的心理学家向很多人发问，当问到衣服对他们产生怎样的影响时，被询问者都表示，当他们穿戴整洁，全身一尘不染时，会感觉良好，信心倍增。不然，外在的形象不成功，思想上就难以成功，最终演讲也会以失败告终。"

当谈到演说者的衣服对听众有何影响时，卡耐基说，假如演说者是位不修边幅的男士，穿着宽松的裤子，变形的外衣与鞋子，自来水笔与铅笔露在胸前口袋外面，一张报纸，一把烟斗或是一罐烟草把西装的外侧塞得凸了出来，或者演说者是一位女士，带着一个形状丑陋的大手提包，衬裙又露在外面，那么大家会对这样的演说者毫无兴趣，对此人的演说也不会有信心。人们甚至会觉得这位演说者的头脑有问题，就像他的头发一样蓬乱，要不，有秩序的人不会这么不修边幅的。

卡耐基便说了一个故事："在波士顿的农业部，试验场上养殖了上百箱的蜜蜂，每一个蜂窠都装有一面巨大的放大镜，只需按下按钮，蜂窠内部就会被电灯照得通明。因此，不管白天还是黑夜，这些蜜蜂的一举一动都能被十分精确地观察到。"演说者也应该如此，当被置在放大镜下、被无数双眼睛盯住之前就要很好地处理掉外表上的不协调，不然会十分醒目的。

在中国，有句俗话叫：和气生财！当面对观众时要展露笑容，才会像柜台后的服务员一样让人感到亲切。就像是有位演说家出现在大家面前时，人们十分喜欢他的演讲工作，并对他能来到这儿而高兴，这时他就会面带微笑，很乐意和大家交谈。大家也会感到他的亲切，他也因此更受欢迎。只是很多的演说者都是以一种冷淡、造作的姿势走出去，看样子他们不喜欢这次演说。当他们演讲完了，会感谢上帝。

卡耐基在《有影响力的人类行为》一书中这样写道：喜欢产生喜欢。假设我们对听众有兴趣，听众也会对我们产生兴趣；假设我们讨厌台下的听众，他们无论在外表还是内心，也会对我们表现出厌恶；假设我们表现得很胆怯而且荒乱，他们也会对我们缺少信心；要是我们表现得很无赖，而且大吹大擂，听众们也会表现出自我保护性的自大。时常地，我们还未开口说话，听众就已经开始评论我们的好或坏了。

在演说时，聚集群众数量与场地空间的关系，对演说的成败至关重要。当把听众分散时，他们往往不容易被感动。世界上很难找到比广阔的空间、听众和听众之间那些没人坐的椅子更能浇灭听众的激情的事了。

亨利·毕丘在耶鲁大学发表演说时说："人们会问我，是否觉得向一大群人演说比向一小群人演说更有意义？我给予了否定的回答！要知道，我能够向十几个人发表精彩的演说，也可以向上千人发表精彩的演说，这十几个人可以紧紧地围拢在我身边，彼此能够触摸到对方的身体，可是上千个人却要分散开来，每个人之间相隔着四尺之远的距离，就像空洞洞的房子一样使人感觉糟糕。把听众聚集在一起，虽然会花费很大的心力，但这样做也会更容易感动听众。"

可以得知，当一个人与大众置身一起时，会产生失去自我的感觉。此时，他是大众中的一员，比孤单一个人更能受到影响。当人们成为一个整体时，演讲就会很容易发生效应，不然，要让一个人有所效应就很困难。例如，在男人战斗之时，他们会做出难以想象的行动，会渴望聚成一团。大家知道这样的一件事情，在第一次世界大战时，德国的士兵在战场上会紧紧地握住同伴的手不放。这是一种神奇的现象，一些大规模的运动和变革都需要群众的协助来推展。在演讲中，听众对演讲的成败尤为关键。如果不注意充分利用听众，那么演讲就无法达到好效果，就会以失败告终。可以这样设想，如果向一小部分人演讲，可以把他们聚集在一个小房间里，这比在宽大的大厅里更容易产生效果。如果听众显得很散乱，可以请他们到前排来坐，坐在离你近的位置上，接着你就可以展开你的演讲。当你下台时站在听众身边，与听众亲切地打成一片，就会让你的演说如交谈一般，达到好效果。

在演讲时，也要注意场所的环境，场所的环境对演讲者能否引起听众的共鸣至关重要。在演说中，空气是重要的基本元素，无论是在动人的演说过程中，还是在美丽的女高音的演唱过程中，都不能让恶劣的空气影响听众的心情。在演说中，如果可以的话，中途可以休息一会，同时把窗户打开。

在达到好效果的演讲中，灯光也是影响演讲成败的一个因素。除非你是在表演魔术，否则要尽可能让光线充足，不然光线暗淡的话，会让听众昏昏欲睡，好像他们不是在听演说，而是在听睡前故事了。这时你可以参照著名制片家比拉斯可关于舞台制作的著作，你会看到，一般的演说者对于正确使用灯光的重要性没有丝毫的概念。应该让灯光照在你的脸上，使得听众能够看清楚你。你五官上的种种微妙变化，是真实的一部分，是自我表达的有力传送，这时，你的表情胜过你的言语。如果你站在灯光的正下方，你的脸孔可能会产生阴影，如果你站在灯光的正前方，你的脸孔必定会产生阴影，你就应该在演讲之前选择最佳的光线位置，这一点是很重要的。你不要躲在桌子的后面，因为听众希望看到的是演说者的全身，他们希望把演说者看清楚。

要是有人为你准备了一张桌子、一个水壶与一个杯子，且杯子里有饮用水的话，你口干舌燥的时候可以喝一些水，这样可以让自己得到放松，但不要在讲台上放置很多无关紧要的东西，不然会阻挡听众的视线并影响你的心情。达到好效果的演讲，也要使得演说者有令人赏心悦目的背景。

卡耐基认为，理想的背景是完全没有家具的。在演说者的背后，不需要放吸引听众注意力的事物，演说者的两边也不需要有什么东西，除了一幅深蓝色的绒布幕之外，其他的都显得多余。可是，一般演说者的背后都有哪些东西呢？地图、图表和桌子，或许还有许多积满灰尘的椅子相互叠在一起。这会造成怎样的效果呢？会给人一种粗俗、凌乱、不协调的气氛，应该把没有用的东西撤除掉。

卡耐基认为，演讲中最关键的还是人。演说者要想达到很好的效果，就应该像珠穆朗玛峰那样突出。只有凌绝顶，才会一览众山！

而不管是听众还是观众，都无法抗拒望向物体的诱惑。演说者要记住这一点，这样才可以避免一些困扰和小枝节。演说者还要能够克制住自己，不要玩弄自己的手指、拨动衣服或是做些能减少他人对你注意力的紧张的小动作。卡耐基便讲了一个故事："有一次，一位知名的演说家在演说时，用手玩弄讲台上的桌布，最后大家都专心地看着他的手，足足有半个多小时。"

如果可以，演说者要把听众的座位做合适的调整，让他们很少去注意迟到的听众，这样就能够防止注意力的涣散。另外，演说者不希望舞台上放置红色的鲜花，因为红色的鲜花会分散听众更多的注意。让演说者在演讲之时，就有一些信息不被听众所听到。演说者要在演讲时保持良好的姿势，这样可以吸引听众的注意力，会把听众融进演讲之中，对引发他们共鸣也会产生积极的作用。演说者在演说之前，不要坐着面对听众，要以创新的形式来到会场，这样会在听众心中留下很不错的印象。我们可以这样想象，假设我们先坐下来，就要注意自己的坐姿。这时会想到他人四处张望找空位子的情况，当他们发现一张椅子后，就会快速地跑上前去，然后就会把自己的身体猛地放到椅子上。如果了解坐下的艺术，则会先用脚背碰一下椅子，然后让头部到臀部轻松地保持直立的姿势，在这样完美的掌控之下，就能让自己渐渐地坐下去。

前面已经说过，如果演说者玩弄首饰和衣物，会分散听众的注意力。除此之外还要注意另外一个因素，那就是要有自我控制力，不能够显得十分缺乏自信。在演说时要以平静的姿态站着或坐着，控制自己的身体，给听众留下泰然自若的印象。

当要站起来向听众发表演说时，不要匆忙地开口，然而这却是业余演说家常犯的错误，此时需要深呼吸一口气，看着听众大约一分钟的时间，让台下的骚动声停止下来。

你要如何处理你的双手呢？当然，忘掉它们最好。此时双手要是自然地下垂到身体的两侧，你可能会感觉它们像两串香蕉，不要考虑别人是否会注意到它们，也不要在乎别人是否对它们有兴趣。其实你的双手轻松地下垂到你身体的两侧时，很少会有人注意它们，那些鸡蛋里挑骨头的人也难以批评你手部的这一姿势。除此之外，手部还可以自然而不受妨碍地摆出各种强调性的姿势。

卡耐基便在此比喻一个人的手势，就像是牙刷一样，是专属于自己使用的，每个人都会不一样，关键是要顺其自然。

卡耐基建议，不要训练两个人采取完全相同的手势。可以得知，动作笨拙、个子修长、思想缓慢的林肯，与说话快速、个性急躁的道格拉斯，他们如果使用完全相同的手势，简直难于上青天！

这里，与林肯曾经共同执行法律业务且为林肯写传记的贺恩登说："林肯用手做姿势的次数，不比他用脑袋做姿势要多。"林肯会时常地甩动头部，当他想要强调某个想法时，这种动作就显得十分关键。他不会像其他的演说者那样猛挥手势，似乎要把空间劈成碎片，他也不进行舞台动作，而是会随着演讲的进行，动作越来越自由且安然自得，最终达到完美的效果。有的时候，为了表达喜悦和欢乐，林肯就会高举双手，大约成五十度的角度，手掌向上，好像希望拥抱他所崇尚的那种精神。如果林肯感到厌恶或是谴责某件事情，他就会高举双臂，握紧双拳，在空中舞动，表达出发自内心的憎恶感。这是林肯的手势之一，表达了他的坚定，显示了他的决心，他很少会把一只脚放在另一只脚前，他不会扶什么东西支撑自己的身体。在整个演说的过程中，林肯的态度和姿势很少变化，他不会乱喊乱叫，更不会在讲台上走来走去。他会让双臂得以放松，虽然有时会用左手抓住外衣的衣领，拇指向上，右手自由地做出各种姿势。

林肯的这些姿势使得演讲达到了好的效果，雕塑家圣高登斯把他的这种姿势雕成一座雕像，屹立在芝加哥的林肯公园。

相对于林肯来说，卡耐基还赞赏罗斯福充满活力与激情的演讲。罗斯福的脸孔常常由于充满朝气而显得容光焕发，他紧握着拳头，整个身体成为他表达情感的工具。还有政治家布莱安，为了达到良好的演讲效果，他会伸出一只手，手掌朝天。还有葛雷史东，他会用手掌拍击桌子，或者用脚踩地板，发出巨大的声响。而罗斯伯利则会高举右臂，以很大的力量往下一带。

这些动作都能将演讲者所具有的能量传递出来，卡耐基说，这样会让演讲者的姿势强劲有力，并使演讲者显得自然，从而引起大家的共鸣。

卡耐基还强调，不要重复使用一种手势，不然会使人产生枯燥、乏味的感觉。手势也不要结束得太快，要是有人伸出食指强调，就要在整个句子中维持这个手势。但人常会忽略这一点，便犯下了一个严重的错误。这个错误会削减所强调的内容，会让一些不重要的事情反而变得重要，而那些重要的却显得不重要了。卡耐基便说，在演讲中，除了注意手势之外，还要留心演讲中的态度问题。当你在演讲时，要想达到良好的效果，语气大度、笑容亲切、动作有礼，都会美化你的每一个瞬间，让你在很好地表达自己的同时，更加容易让听众接受。

上面是卡耐基让我们注意的达到良好效果的演讲不能忽视的方方面面，这样才能做到有备无患，从而避免在仓促之间出错，演讲的作用也会事半功倍。

第三章　社交的诀窍

　　关于社交，卡耐基提出了一些诀窍，这些诀窍将会有助于我们提升人缘。

　　每个人都不想被冷落，那么就要很好地处理与他人之间的关系，这会让你赢得他人的敬重。

第一节　不要去针尖对锋芒

在社交上，卡耐基有这样的观点：无论你怎样指责别人，就算你的眼神、手势和声调等告诉对方他错了，但对方会同意你吗？当然不会！由于你打击了他的自尊心，这反而会促使他要反击你，并且不会改变他的主意。此时，即使你搬出柏拉图和康德式的逻辑，也难以改变对方的念头，因为你首先伤害了他的感情。因此，卡耐基进一步说："不要一开场就说'我见证给你看'，这就相当于说'我比你聪明，我要让你改变你的观点'，这是一种挑战，容易引发事端，你可以注意到，对方早已开始准备迎战了。"

为何总要想改变他人的主意，而采取激烈的方法让他人不轻松愉快呢？你这样做会使自己陷入困难的境地，而你这样做图的什么呢？在三百多年前，意大利的天文学家伽利略说："你不可能教会一个人任何事情，你只能帮助他学会这件事情。"还有英国 19 世纪的政治家查士德·裴尔爵士，在面对自己的儿子时这样说："要是可能，要比他人聪明，但不能告诉他人你比他们聪明。"还有大哲学家苏格拉底曾经三番五次地告诫门徒："我现在只明白一件事，那就是我一无所知。"我们要慎重地对待他人的错误，要是感觉他人说错了，我们可以这样说："是这样子的！不过我还有另一种想法，但我常常会弄错，如果我弄错了，我很乐意纠正过来。"用这些"我也许不对，让我来看看问题的关键所在"会收到神奇的效果。这样就不会有人反对你说："你错了，我们来具体纠正一下！"

在卡耐基训练班上，有一位叫哈克的学员，他在蒙大拿州比林斯的道奇汽车做代理商，他便运用了这种不针尖对锋芒的方式。他在销售汽车行业压力大时，很冷静地处理顾客的抱怨，而生意不因为冷酷无情而降低。他还说：

"当明白面对顾客针尖对锋芒的各种不愉快之后，我就会这样说：'的确，我犯下了错误，是我的不对！关于您的车子，我们也许有错，那么您能告诉我问题出在哪里吗？'用这种方法就很容易解决顾客一触即发的心理，等到顾客气消了之后，讲道理就显得轻而易举了。有很多顾客会为这种谅解的态度而致歉，其中有的顾客还带来了朋友买新车子。在这种激烈竞争的市场经济之中，更需要这样的顾客。我便相信，这种做法能够表现出对顾客的尊重，以灵活的方式处理，不仅回头客大为增加，生意也越来越红火。"

卡耐基便说，为了防止针尖对锋芒，你首先要承认自己会弄错，就不会犯下大的错误。这样做，一则可以显示你的大度宽容，二则可以使他紧张的情绪得到缓解，你们之间就会避免争执。

如果你坦率地告诉他，结果会怎样呢？卡耐基便举了一个例子来说明："查德先生是华盛顿一位年轻的律师，最近在法庭里参与一个重要案子的辩论，案子涉及一大笔金钱和一个重要的法律问题。在辩论时，法官对查德说：'《海事法》追诉期限是六年，对吗？'查德停顿了一下，看了法官一眼说：'不，法官大人，《海事法》没有追诉期限的。'顿时法庭里安静了下来，查德在心里说：'我是对的，法官是错的，我如实地告诉了他，却感觉到心里冰凉到了极点。不过，这样会让法官变得友善吗？我怎么发现他好像对我不满了！'查德仍然坚信法律会站在他的那一边，但是他却不知道自己犯了一个大错误，由于他当众指责一位德高望重的法官的错误，结果就难免给法官带来不好的决断了。"

很少有人会拥有逻辑性的思维，我们大部分人都有武断、偏见的通病，这样固执己见与傲慢，只会把自己推上针尖浪头，稍有不留神就会掉下来摔成重伤。因此，卡耐基建议，当想指出他人犯的错误时，请事先研读下面的文字，这是詹姆士·哈维·罗宾森教授在他的颇有启发性的《下决心的过程》一书中的一段：

"我们有时会在毫无抗拒或被热情淹没的状态下改变自己的观念，可是要是有人说我们错了，反而会让我们迁怒对方，更固执己见。我们会毫无根据地形成自己的观念，可要是有人不同意我们的观念时，相反会全心全意地维护我们的观念。显然不是那些观念对我们来说有多么珍贵，只是我们的自尊心受到了伤害……'我的'这个简单的词，它体现了做人处世关系中最关键的一个方面，妥善使用这个词才是智慧之源。不管说'我的'父亲、'我的'晚餐、'我的'房子、'我的'狗、'我的'国家还是'我的'上帝，都具备一样的能量。我们不仅不喜欢说我的表不准，或我的车太破旧，也不喜欢别人纠正我们对火车的认识、水扬素的药效或是亚述王沙冈一世生卒年月的错误。我们愿意继续信任以往惯于信任的事，而要是我们所信任的事遭到了怀疑，就会找借口为自己辩护。到最后，很多所谓的推理，变成了找借口来继续信任早已信任的事物。"

　　还有心理学家卡尔·罗吉斯，在他的《如何做人》一书中写道："当我尝试去了解他人的时候，我发觉这真是太有价值了。我这样说，你也许会感到奇怪！我们真的一定要这样做吗？我认为这是必要的，而不是试着了解这些话。在他人叙述某种感觉、态度或信念的时候，我们几乎马上倾于判断'说得不错'或'真是好笑'，'这不正常吗'，'这不合道理'，'这不正确'，'这不太好'。我们很少让自己认真地去了解这些话对其他人具有怎样的意义。"这也证明了武断、偏见所带来的负面影响。

　　有一次，卡耐基邀请了一位室内设计师为朋友家制作一些窗帘。当看到账单时，卡耐基大为吃惊。当朋友知道了这件事情，看到了这些窗帘，面有愠色地说："他们要的价格太贵了，赚了我们多少钱啊！"

　　的确，这位朋友说的是事实，只是带着一点针尖对锋芒的意味，让卡耐基好人没落成还心里"咯噔"一凉，卡耐基便冷静了一下，为自己解释说："贵的东西会有贵的价值，你很难用便宜的价格买到高质量又有艺术价值的东西。"后来卡耐基的另一位朋友知道了这件事，一开始是赞美那些窗帘，说他家里能买得起那些精美的窗帘已经是物有所值了，不能辜负了卡耐基的一番苦心。这时候卡耐基的态度完全变了，卡耐基说："说句老实话，我也后悔买了它们，它们的价格的确很贵！"

在错的时候，要是对方不给我们承认错误的余地，往往会让我们更怒不可遏，而要是对方恰当地处理并且表现得可亲，我们就会显得很坦率而自然，即便有可能会受到责备，但事情得以解决，结局也是令人满意的。

基于此，卡耐基又讲述了另一个故事：在美国南北战争期间，著名的报人哈利斯·葛里莱很不满林肯的政策，他相信以论战、嘲弄、辱骂便能够让林肯同意他的看法。他日复一日、年复一年地发动攻击，就在林肯遇刺的那天晚上，他还写了一篇尖锐的文章抨击林肯。但是他的这些攻击带来效果了吗？其实一点也没有！要知道嘲弄与辱骂是不会让人屈服的。

这样就不能针尖对锋芒，本来会因为会让别人妥协、投降，但偏偏让别人不屈膝，之间的干戈进一步扩大了。

你要多懂得控制自己，并掌握一些为人处世的方法，这里你可以参照《班杰明·富兰克林的人生经历》，这是引人入胜的传记之一，同时也是美国著名的一本名著。

在这本传记中，富兰克林告诉了你他是如何克服好辩的坏习惯，最终才成为美国历史上最能干、最和善、最成功的外交家的。

还在富兰克林二十多岁的时候，有一天，一位教会的朋友找到他，把他尖锐地批评了一下：

"看来你真是无药可救了，你已经得罪了很多与你看法不同的人，你的看法变得太稀奇了，以至于没有人愿意与你为伍。你的朋友觉得，要是你当初不在场的话，他们会更自在。关键是你知道的太多了，没有人能够再教你知识，也没有人会告诉你应该知道更多。如此看来你的脑袋太陈旧了，以至于不能再吸收新的知识，但其实你的知识是十分有限的。"

关于这次针尖对锋芒的批评，富兰克林还是坦然接受了，他已经变得成熟、理智，能够正面地面临失败的命运了，他决定要改掉傲慢、粗野的性格弊端。富兰克林便立下了一条规定：从此不再轻易反对他人的意见，甚至不允许自己在语言或文字上太肯定。他不再说"当然"、"无疑"等词语，而改成"我想"、"我假想"、"目前在我看来是这样子的"。当他人在叙述一件自己不认同的事情时，富兰克林不会当即辩驳，也不会立即指出对方的错误，而是表现得很淡定，以谦虚的态度来表达自己的意见，这样做不但减少了矛盾，还使对方更容易接受意见。富兰克林采用这套方式，一开始会觉得与本性冲突，但时间久了，就变得越来越自然，最终成为了自己的习惯。据历史验证，在之后五十年里，很少有人听到他说过太武断的话。

如果把富兰克林的这种办法用在社交场合上结果会如何呢？卡耐基便举了如下的例子：

其一，在北卡罗来纳州王山市，有一家纺纱厂，莎丽德是这家工厂的工业工程督导，她讲述了自己在受训前后如何解决一个敏感问题的经历，她说："我在这家工厂的一部分职责是设计和保持各种激励员工的方法与标准，以便能够让作业生产出更多的纱线，而且也能够赚取到更多的利润。在我们只生产两三种不同的纱线时，所采用的办法还很有效，但是为了扩大产品的项目与生产量，要生产十几种不同种类的纱线时，由于原有的办法就难以给作业员合理的报酬，这种新办法更难以激励他们生产的积极性。针对这一情况我设计出了一种新的方式，可以让我们的作业员在任何的时间内生产纱线，并且给予他们应得的报酬。在设计出这套新方式之后，我参加了一个会议，我决定开会时向厂里的高级职员表明我的方法是正确的。我仔细地阐明了过去所采取的办法是行不通的，并指出了对作业员待遇不公的地方，可是由于我太过于为自己的新办法辩解，结果我失败了。后来我得到了卡耐基课程的指引，深深地明白了我所犯下错误的原因，便请求召开另一次会议，在这次会议中，我让他们说出问题的关键所在，并讨论着每一个细节，以便能够找出更好的解决方案。我用低调的方式主导他们按照我的观点把方案提出来，会议就要结束的时候，也是把我的方法提出来的时候，而实际结果表明，他们很热烈地接受了这个方法。现在我认为，要是直接指出一个人的错误，会针尖对锋芒，就会造成大的伤害，难以达到好的效果。我更确切地认为，责怪他人会剥夺了他人的自尊，而且会让自己成为不受欢迎的人。"

其二，在纽约自由街，有一个叫罗伯特的人，他是经销石油的。有一次，他接到了日本京都一位重要客户的订单,当蓝图呈上后,也获得了批准,马上就开始制造相关工具的时候,不幸的事件发生了,那位京都的买主与朋友谈及这件事时,朋友劝告他说他上当了,以至于他犯下了大大的错误。他的那个朋友把他说得动容了,他因而变得十分恼火,并且打电话给罗伯特,很气愤地说不再接受已经开始制作的那一批工具。这时罗伯特陷入了沉思,他仔细地思索着:"我认真地检查了他所说的错误,发现我并没有错,我不知道京都的那位客户为何会有如此的转变,更对客户朋友的言语感到不可思议。但是直觉告诉我,这种情况继续下去会很危险,于是我决定到京都去一次,首先我来到了京都并找到了他的办公室。当我走进他的办公室时候,他显得很意外,但还是朝我快速地走过来,他很激动,斥责我与我的器材,最后他说:'现在情况是这样了,你该如何准备呢?'我十分平静地告诉他,我会按照他的意愿去处理,我说,'你是花钱的人,自然要得到你想要用的器材,要是你感觉自己是对的,那么请给我制作一幅蓝图,我会按照你的那幅蓝图重新办。虽然旧的方案已经花费了几千美元,但这笔损失将由我们承担,为了让你满意,我们不得不按照你坚持的做法去做。我坚信你的计划是可行的,而且我向你保证我们会对所有的事情负责到底'。这时候的他变得冷静了,他说:'那好吧,就按照你的计划进行吧,希望上天保佑你的计划不会出错。'最终计划没有出错,他还答应我下个季度向我订购另外的两批货物。"罗伯特在面对顾客的无理要求时,并没有针尖对锋芒地与其争辩,要是一开始就和顾客争论,最后可能会在法庭上解决这一问题。

其三,在坦桑尼亚,有一个木材公司,哈里是这家公司的推销员,他能清楚地指出那些脾气大的木材检验员的缺点。他虽然赢得了辩论,但却没有得到好处,后来,哈里反思说:"那些检验员就如足球场上的裁判一样,一旦判决下去,是难以改变自己的观点的。我常常能取得口头上的胜利,但结果却让公司损失了成千上万的利益。后来,在卡耐基训练课程上,我意识到不能再这么针尖对锋芒,有必要改变工作方法了。有一天早上,我办公室里的电话铃声响了,是一位很愤怒的客人,埋怨我们运送的木材不合乎他的要求,他们的公司已经下令停止卸货，并且要求我们马上把木材搬运回去。经过进一步了解，我打听到他们的木材检验员报告说，有55％不符合他们的要求，因此他们要退货。我便动身到对方的工厂去，并一边走着一边寻找着解决问题的策略。我到了工厂，发现购料主任与检验员都一副闷闷不乐的样子，好像在等待着与我吵架。我走到了卸货的卡车前，想弄清楚这到底是怎么一回事，于是我让他们把不合格的木料挑出来，把合格的木料放到一块。经过观察，我发现他们的检查虽然十分严格，但却把一个规则弄拧了。那些木料是白松的，固然那位检验员对硬木的知识非常丰富，可他在检查白松上还是欠缺经验。而这方面我却是十分内行的，但是此时我对检查员提出反对的意见了吗？我绝对没有！我只是继续地观看着，并强调把他不满意的部分挑出来，让他高兴起来。于是这种针尖对锋芒、剑拔弩张的紧张气氛很快就平静了下来，并且我会委婉地向他说明这是一种白松，不让他感觉到我在为难他。逐渐地，他的整个态度都转变了，并且他坦诚地说自己对白松的经验不足。随后他就把那些'不合格'的木材又收回去了，这样既弥补了他犯下的错误，也给我留了台阶下。同时还给了我们一张全额的支票。"

针对这些事情，卡耐基指出，在面对他人的错误时，运用一些小技巧，可以避免给公司带来大的损失，更重要的是我们赢得了良好的人际关系，这是金钱难以买到的。

有人曾经问黑人领袖马丁·路德·金，为什么他崇拜当时美国官阶最高的黑人军官丹尼尔·詹姆士将军，马丁·路德·金说："我判断他是根据他人的原则来判断的，而不是根据我自己的原则去判断的。"还有，在美国南北战争时期，罗勃·李将军有一次在南部邦联总统杰佛生·戴维斯面前，以赞赏的语气讲述着手下的一位军官，这令在场的人都感到不可思议，杰佛生·戴维斯更感到惊奇，说："罗勃·李将军，您不知道吗？您所大为赞扬的那位军官正是您的死敌啊！他总会找机会恶毒地攻击您啊！"罗勃·李说："的确，那只是他对我的看法，我刚才说的是我对他的看法。还在一千多年前，耶稣曾说：'快速同意反对你的人。'我还听过，在当时的埃及的阿克图王国，国王给他们的儿子一些劝告，'要圆滑一些，它可以让你予求予取'。现在我深刻地明白了，如果让别人同意就应该尊重别人的看法，不能想当然地指出别人的错误。"

卡耐基认为，要是输了，那就是输了；要是赢了，还是输了。这是为什么呢？要知道，当你胜利时，把对方批评得一无是处，你自然会扬扬得意，可是这样一来却伤害了对方的自尊心，即便他表面上会屈服你，可是在他的内心却会怨恨你的胜利，这就是口服心不服了。就如班杰明·富兰克林所说："如果你时常地与别人争辩，即使会偶尔地胜利，但这种胜利只是空洞的，无法让你获得良好的印象。"这时候你就应该好好地衡量一下，到底是想要表面上的胜利，还是别人对你良好的感觉呢？

要想改变他人的主意，你就不能针尖对锋芒，否则你将会一错再错。在美国总统威尔逊任职期间，财政部部长威廉·麦肯铎用自己多年的政治经验总结了这么一句话：靠辩论是不能让无知的人服气的。卡耐基更进一步证实，不论对方的才智如何，都不要靠辩论去改变他人的观念。在《点点滴滴》一书中，他提出了不争论的主张：

1. 欢迎不一样的意见，记住这一句话："当两个人意见总是不相同的时候，其中之一就不需要了。"要是有些地方你没有想到，可是有人提出来了，你就要表示衷心感谢。出现不同的观点是你避免重大失误的最佳契机。

2. 不要相信你的直觉，当有人提出不同观点的时候，你最先的自然的反应是自卫。你要谨慎，保持平静，而且小心你的直觉反应。这也许是你最差劲的方面，而不是最好的方面。

3. 记住控制你的脾气，你能够根据一个人在怎样情况下发脾气的状态来测定这个人的度量与成就到底是什么样的。

4. 先听为上，让你的反对者有说话的机会。请他们把话说完，不要抗拒、护卫与争辩。不然的话，只会增加相互沟通的障碍。努力搭建相互了解的桥梁，不要再加深误会。

5. 寻找同意的观点，在你听完了反对者的话以后，首先去寻找你同意的观点。

6. 要坦然承认你的错误，而且老实地说出来，为你的过错道歉。这样能够有助于解除反对者的武装并减少他们的防卫。

7. 同意详细考虑反对者的观点，同意出于真心。你的反对者提出的观点可能是正确的，在这时，同意考虑他们的观点是比较明智的做法。要是等到反对者对你说："我们早就告诉你了，但是你就是不听。"那么你就要遭殃了。

8. 为反对者关心你的事情而真诚地感谢他们，肯花时间表达不同意见的人，一定与你同样关心这一件事情。把他们当作要帮助你的人，也许就能够把你的反对者转变为你的友人。

9. 延迟采取行动，让双方都有时间把问题考虑清楚并建议当天稍后或第二天再举行会议，这样一切的事情才可以都考虑到了。在准备举行下一次会议的时候，需要这样反问："反对者的意见是完全正确，还是部分正确？他们的角度、理由是不是很有道理？我的反应能解决一些问题还是会增加一些麻烦？我的反应会让反对我的人亲近我还是疏远我？我的反应会给我带来失败还是胜利？我最终要付出怎样的代价？要是我沉默，反对者会保持沉默吗？这个难题对我来说，是不是一个新的契机？"

卡耐基又举了一个事例，他说："真·皮尔士是一位歌剧男高音，他结婚有三四十年了。有一次，真·皮尔士说：'我和太太在结婚前就定下了约定，不论我们对对方如何不满，都要遵守这条约定。约定是这样子的：当一个人大吼大叫时，另一个人应该保持沉静，不然两个人都大吼大叫，就无法沟通了。'"

这个事例告诉我们这样一个道理：要想在争论中获胜，一个明智的办法是避免去争论。

卡耐基还说到了洛克菲勒的故事。洛克菲勒曾经遇到一件十分棘手的事情，他的企业的工人罢工浪潮不能平息。这让洛克菲勒很苦恼，但最终洛克菲勒还是让罢工者接受了他的观点，他是如何做到的呢？洛克菲勒首先用一个多月的时间去结交工人朋友，并接着对工人发表了演说。这个演说带来了神奇的效果，它平息了要将洛克菲勒吞噬的仇恨风暴，并且使洛克菲勒赢得了很多支持者。洛克菲勒在演讲中表达了让罢工工人回来工作的意愿，虽然没有提及提高工资的事情，但他字里行间充满了善意。要知道，洛克菲勒演讲的对象是和他在针尖浪口的工人，他只能像传教士那样和蔼谦虚，他用了这样的语句："我今天能站在这里，完全是靠各位的支持与捧场"、"现在我希望我能以朋友的身份而不是陌生人的身份与你们讲话"、"我去过你们的家，见过你们的妻儿"、"我们有着共同的利益，要友善互爱"，等等。

正是洛克菲勒的这些词语，化解了针尖对锋芒的紧张气氛。而要是洛克菲勒采用另一种方式，例如与工人们争论，用严重的事实来恐吓工人们，那么会发生什么样的事情呢？只能惹来更多的愤怒、更多的仇恨与更多的反抗。

请记住这样的一句俗语：一滴蜜比一加仑胆汁更能捕捉到更多的苍蝇。人也是如此，要是想让他们赞同你的观点，那就应该首先让他人相信你是他们忠实可靠的朋友。用一滴蜜获得他的心，就能让他们走上理智的康庄大道。

这更进一步说明，赢得胜利的方式并不是争论。可以试想一下，如果你总是抬杠、反驳，就算你偶尔会取得胜利，但这种在社交场合中的针尖对锋芒只会导致你和对方的关系更加恶化，说不定你一不留神就会被扎成重伤。关于这些，卡耐基十分赞同林肯的观点。有一次，一位青年军官与同事发生争吵，林肯对他说："要想有所作为，就不应该在私人的争执上耗费时间。在矛盾解决不了的情况下，说明你们各有50％错误和各有50％正确，这时候你要先让一步。如果你确实是对的，你可以少让一点，但无论如何，都不能咄咄逼人。"

对于这让步，让到哪一程度才能让自己心安理得。卡耐基说，要全面地考虑这个问题，就像是要求涨工资，要首先明白最大的可能性是多少。让步会有一定的限度，不然只会让对方都僵在那里。另外你还需要考感到，当你提出你的要求后，对方也会给你提出一些要求。还以要求涨工资为例，即使老板同意了你涨工资的请求，与此同时他也会让你肩负更多的责任。要是你不想这样，只希望在原有的基础上增加工资的话，这肯定是不现实的。既然你要加薪就一定要创造出更多的价值，有付出才会有回报，这样一来两个人之间都会得到平衡。关键是每个人都希望付出最少的努力而得到最大的回报，这是理想化的情况，实际上有的付出未见得有回报。此时就很容易出现针尖对锋芒的紧张局面，我们应该在此种情况下做好让步的准备。我们可以创造出更多的条件，做出更多的贡献，等待合适的时机提出增加工资的要求。

现在，当你遇到这类剑拔弩张的棘手问题时，相信会从本节内容中找到一个很好的应对措施。

第二节　把负变正的乐观心态

无论是在社交场合还是在日常生活中，卡耐基总是保持着积极乐观的心态，他是如何把负面的心态变成正面的心态呢？本节将会为你做出详细解答。

首先，看看卡耐基与芝加哥大学校长罗勃·海南·罗吉斯关于如何获得快乐的谈话。罗勃·海南·罗吉斯校长说："我会遵照一个小的忠告去做，这也是已经去世的西尔斯公司董事长裘利亚斯·罗山渥教会我的办法，这个办法是'如果有个柠檬，就要做成柠檬水'。"

这是一种把负变正的乐观心态，也是芝加哥大学校长罗勃·海南·罗吉斯采用的教育方法，只是卡耐基发现，很多人在遇到生命给他的一个柠檬时，往往会这样自暴自弃："命运怎么对我如此不公，我彻底完蛋了！"接着就会诅咒世界，并沉溺在自怜之中。如果是一个聪明的人，当生命给他一个柠檬时，他会这样认为："虽然这件事情是不幸的，但我要从失败中吸取教训，不断学习，改变我现在的状况，努力把这个柠檬变成一杯柠檬水。"这样的话，将会开发出自己隐藏着的巨大潜能。

曾经用一生时间研究人类所隐藏的潜在能力的心理学家阿佛瑞德·安德尔说："要想激发内在潜能，就应该能够把负面的变成正面的。"卡耐基曾讲过一个有趣也有价值的故事，故事的主角是卡耐基认识的一位女人，她的名字叫瑟森。瑟森讲述了她的经历："在战争的时候，我丈夫驻守在沙漠附近的训练营里，我为了与他接近，也搬到那里去住。对于我这个生长在大都市里的人来说，住在沙漠的边缘让我感到深恶痛绝。我从来没有这般苦恼过，尤其是当我丈夫被派到沙漠里执行任务，只留下我一个人待在小屋子里的时候。这真让人受不了，要知道，沙漠的气温很高。周围都是印第安人，我与他们的沟通也成了难题。听着风不停地吹着，看着到处飞扬的沙子，我陷入了绝望之中。我在一番痛苦挣扎之后，还是写信给远在都市的父母，告诉他们我受不了想要回家。一个多月后，我接到了家里的回信，在信里却只有两行字：两个人同时从监狱内望向窗外，一个人看到的是烂泥，一个人看到的是星星。我把这两行字认真地研读着，内心越发感到惭愧。我要在这似乎令人绝望的状态下发现那些星星，从而让自己变得积极乐观起来。从此，我便开始与当地人交朋友，他们的反应也令我十分诧异。由于我对他们的纺织品和所做的陶瓷感兴趣，而他们又无法把这些卖给观光的客人，我便发挥自己会讲英语的优势，不仅为他们赢得了钱财，还得到了他们赠送我的礼物。同时我会仔细地观察沙漠里仙人掌的状态，并认真地学习土拨鼠的有关知识，我看着沙漠里的日升日落，还去不远处找贝壳，听说三百万年前这片沙漠是海床。是什么让我发生如此大的改变呢？要知道，沙漠没有变，周围的居民没有变，变了的是我的内心，这让我获得了崭新的能量，后来我还写了一本小说。我真的从这沙漠中的监狱里看到了星星！"

如今瑟森的心态乐观了，她能很好地与人交流，瑟森的故事印证了把负变正的乐观心态的神奇能量。

两千多年前的希腊就有这个道理：那些最好的东西，往往也是最难得到的东西。还有，哈瑞·艾默生·福斯狄克说："快乐大部分不是享受，而是胜利。"其实，这种胜利不仅是一种成就感、一种得意，而且是把柠檬变成柠檬水的乐观心态。

卡耐基就此拜访过一个居住在佛罗伦萨的农夫，这个农夫在与卡耐基交往时显得很乐观，卡耐基认为，他把一个毒柠檬变成了柠檬水。当农夫买下农场的时候，他发现这块土地上生长的只有白杨树和响尾蛇，以至于既不能养猪也不能种植水果。不过，农夫并没有因此而灰心，他决定把这些转变成有价值的资产，于是把一部分响尾蛇做成了肉罐头，并把剩下的部分圈起来供人参观。接着，农夫卖掉了一些白杨树，另一些白杨树留在那里为自己增加价值。他的生意越来越大，从他养的响尾蛇那里获得的蛇毒被运送到各大药厂，做成了蛇毒的血清；响尾蛇的蛇皮还以很高的价钱卖出去，做成了女人的鞋子与皮包；装着响尾蛇肉的罐头被运送到全美各地。

这位农夫把有毒的柠檬变成了甜美的柠檬水，他不仅人缘越来越好，而且钱包越来越鼓。

卡耐基在全美各地的旅行中，注意观察所见到的女人和男人，他发现那些交际良好的人，都具备一种把负变正的能量。卡耐基又想到了已经去世的威廉·波里索，他是《十二个以人力胜天的人》一书的作者，他说："生命中很关键的一件事是不能把自己的收入做资本，除非你是傻子想从损失里获利。那些稍微聪明一点的人，都不会这么做的。"在说这段话时，威廉·波里索刚在一次事故中摔断了一条腿。卡耐基还知道另外一个人，他断掉了两条腿，却照样把负能量变成了正能量，这个人叫班。卡耐基是在佐治亚州大西洋城一家旅馆的电梯里遇到班的。卡耐基第一眼见到班时，觉得他很开心，虽然他的两条腿都没有了，还坐在一张轮椅上。当电梯停到他要去的那一层楼时，班很有礼貌地问卡耐基是否能让一下，以便他转动轮椅。卡耐基看了班，发觉他脸上露出一种十分温暖的微笑，"真对不起，这样麻烦您了！"班说。当卡耐基走到自己要去的房间时，脑海中仍然浮现着那个残疾人脸上的笑容，卡耐基便不再去思考其他的事情，决定去找班，想了解班的故事。班听卡耐基对他的故事十分感兴趣，就面带笑容地说："这件事情发生在很多年以前了，那时候我砍了一大堆树木的枝干，以便用来做菜园的撑架。我把那些树木枝子装在我的福特车上，接着开车回家。谁知，在车子急转弯的时候，一根树枝滑到车上，卡在引擎上，车子冲出了路边，我便撞到了树上。这使我的脊椎受到重创，两条腿也麻痹了。那时候我还不到二十五岁，自从那次事件以后，我就再也没有走路的机会了。"听班这么说，卡耐基深呼吸了一口气，想到班当时还那么年轻，就被判定终身坐轮椅，真不知道以后的日子该怎么活。卡耐基问班他如何接受了这个现实，班说："我也怨天尤人过，但那样过去了一年时间，我发现我一事无成，而且陷入了更加恶劣的状态，当然也给别人带来了坏的影响。这时我意识到大家一直以来对我都很友好，那么我也应该做到对他人也有礼貌。"卡耐基接着问："经过了这么多年之后，你认为那一次是你遭遇到最可怕的不幸吗？"班摇摇头说："不是的，我现在感觉到很庆幸！要知道，当我克服了当时的恐惧与悔恨之后，就开始生活在另一个世界之中。我开始看书，对经典名著了解了不少。在这些年里，我至少阅读过了一千四百多本书，这给我带来了全新的感觉，发现了之前不知道的精彩。另外，我开始听音乐，听世界那些最经典的乐曲，让我从中受到震撼。在这些年里，我最大的改变是有时间去认真地思考，我可以仔细看地看这个世界，也有了自己的价值观念。我还发现之前所追求的事，很多是没有必要的，这样就能让我更轻松地活着。"班通过看书，对文学产生了爱好，通过坐着轮椅演说，认识了很多人，后来他成为了佐治亚州政府的秘书长。这里借鉴尼采的一句话："在必要情况下要忍受一切，而且还要喜爱这种情况。"卡耐基认为，事业越成功者，就越会发觉阻碍他们的缺陷，从而促使他们加倍努力以获得更多的收获。正如威廉·詹姆斯所说："缺点会带给我们意外的收获。"还有把负能量变成正能量的密尔顿，他可能就是因为双目失明才写出更好的诗篇；还有贝多芬，可能因为耳聋的缺陷才激发出他的创作潜能；还有海伦·凯勒，她的辉煌的成就可以说取决于她的失明与失聪；还有柴可夫斯基，他的婚姻要不迫使他走向自杀的边缘，他的生活如若不是那么的悲催，他可能就难以写出不朽的《悲怆交响曲》；还有思妥也夫斯基与托尔斯泰，他们的生活要不是充满痛苦折磨，他们的小说可能就不会登峰造极。生物学家达尔文曾说过："如果我没有这种残疾的话，就难以完成这么多的工作。"在达尔文出生的时候，美国未来的总统亚伯拉罕·林肯也出生了。如果林肯出生在一个贵族家庭，在哈佛大学毕业，并且拥有完美的婚姻，他可能就会像平常人一样度过一生，也就不再有他在盖茨堡发表的不朽演说，不再有美国统治者最美又高贵的话"不要对别人怀有恶意，要对每个人抱有喜爱"。

卡耐基又说到了哈瑞·艾默生·福斯狄克，哈瑞·艾默生·福斯狄克在他的《洞视一切》一书中说："斯堪的那维亚半岛人有一句俗语，我们都能够用它来鼓励自己：北风造就维京人。我们为何认为，有一个充满安全感而非常舒服的生活，什么困难都没有，舒适和清闲，这些就可以让人变成好人或者很快乐呢？反之，那些可怜自己的人就算舒服地躺在一个大垫子上也会可怜他们自己。但是在历史上，每一个人的个性与他的幸福感都来自于各种不一样的环境，但无论环境是好还是坏，只要他们承担起个人的义务，就会获得一定程度的快乐。所以我们再说一遍：北风造就维京人。"

我们不能总是处于颓废的状态之中，有必要具备把负变正的乐观心态。我们为什么要这样试一试呢？原因在于两点：

原因之一是，我们可以成功。

原因之二是，就算难以成功，只要有把负变正的心态，就会让我们向前看。另外，用"一定"代替"否定"，会激发我们的创造力，会让我们没有时间去思索那些令人忧虑的事情。

我们要培养平和与快乐的心态，并遵守这一条原则："当命运递给我们的是一个柠檬的时候，要把这个柠檬变成柠檬水。"

卡耐基曾说起过，他另外的一个朋友马克，马克因为学会了怎样拥有，便不再为缺乏而感到忧虑，还走出了悲剧的边缘。来看一下马克的经历：

马克的生活十分忙乱，他在城里开了一间语言学校，在亚利桑那大学学风琴，并参与了很多大宴小酌、舞会，还常常在星光下骑马。有一天早上，马克的心脏病发作，便去找医生，医生说："你需要躺在床上静养一年！"这些话并没有让马克坚信自己能够强壮起来，他想到在床上躺一年的话，就会变成一个废人，就有可能因此而死掉。马克也不知道为什么会碰到这样的事情，也不明白自己做错了什么，但无奈之下还是按照医生的指示躺在床上。

马克的邻居史密斯是一位艺术家，他对马克说："你如果认为躺在床上是一个大悲剧，那你就大错特错。其实，那样可以让你有更多的时间思考，去认识真实的自己。在接下来的几个月里，你将会在思想上成长，这会比你这么些年来得到的还多。"于是马克便平静了下来，想一想接下来的生活，并开始意识到读书能启迪思想。有一天，马克听见一位新闻评论员说："你只能谈论你知道的事情。"这一句话深入到马克的心里，决定能够健康而愉快的生活。于是，每天早上起来的时候，马克会对自己说："我没有痛苦，我有一个漂亮可爱的女儿，我的耳朵能听得见，我的眼睛能看得见，还能感受美妙的音乐，看看书，吃得好，还有亲朋好友，这些让我十分高兴，看来我的生活充满着阳光。"从那时开始到现在，马克每天都过着丰富而有意义的生活。他十分感谢躺在床上的一年，那是他在亚利桑那州度过的最有意义、最愉快的一年。马克思想上的转变让他得到了珍贵的生活。

卡耐基说到此，便引用了罗根·皮尔萨尔·史密斯的几句话："生活中会有两个目标，第一个是想要得到的，第二个是在得到后可以享受它，只有聪明的人才会做到第二步。"

对此如果你想去进一步了解，请先看一本能给人以勇气、启迪人的书。这里推荐波纪儿·戴尔的《我希望能看见》。波纪儿·戴尔在书中写道："我是一个几乎瞎了近五十年的女人，我只有一只眼睛，而眼睛上还有疤痕，只能通过眼睛左边的一个小洞去看外界。在看书的时候，我要把书拿得很近，而且尽可能地把眼睛往左边斜。我一开始拒绝他人的怜悯，不想被他人当作怪人。在我小时候，我想与其他的孩子玩跳房子，但是却看不到地上画的线，在其他的孩子回去之后，我就趴在地上，把眼睛贴在线上瞅来瞅去。我会把朋友们所玩的地方记在心里，这样很快也成了玩游戏的高手。我在家里看书的时候，有时眼睫毛都会碰到书本。我获得了两个学位，第一个是在明尼苏达州立大学获得的学士学位，第二个是在哥伦比亚大学获得的硕士学位。我在一开始教书的时候，是在明尼苏达州双谷的一个小村子里，后来到南德可塔州奥格塔那学院担任新闻学与文学教授，我在这里教了十三年，在这期间我也到很多妇女俱乐部发表过演说，还到电视台主持节目。在我脑海的深处，我怀着一种完全失明的恐惧心理，为了克服这种心理，我对生活采取了很乐观而近乎戏谑的心态。但是，在1943年，我52岁的时候，奇迹出现了，我做了一个很成功的手术，视力的清晰度比以前增加了四十倍，于是，一个崭新、可爱、让人兴奋的世界出现在我眼前。我开始发觉，就算在厨房里洗碗、碟子，也是一件令人开心的事。我可以在洗碗碟时开心地玩肥皂沫，我会把手伸进去，抓着一大把肥皂泡沫，并把它们朝着光的地方举起来。通过阳光，我看到里面绮丽的世界。我应该感到惭愧，因为我忘掉了自己天天生活在一个可爱的童话王国里，我都在混日子，看不见生活的美好与多姿多彩。"

那么，你要记住这条原则：要多想想令你开心的事，而不要理会你的烦恼。

卡耐基曾经收到一封来自北卡罗来纳州艾尔山的信，这封信是伊德太太寄的。卡耐基打开这封信，看到上面有这样的话：我从小就敏感而且腼腆，由于我的身体太胖，我的脸蛋也看起来胖许多。我的母亲很古板，她认为弄脏漂亮的衣服是愚蠢的行为。她总是这样对我说："宽衣好穿，窄衣易破。"所以，她就遵照这句话帮我做衣服。我也很少与其他的孩子到室外去活动，所以体育课的成绩就很差。我看起来十分害羞，这让我和其他的人显得不同，因此就难以得到别人的喜欢。长大以后，我嫁给了一个比我大几岁的男人，可是我并没有改变。我丈夫的一家人对我很友好，这让我充满了信心。我用最大的努力希望自己能像他们一样，但是我却做不到。他们为了让我快乐而做的每一件事，最终只会使我蜷缩到龟壳里去。我变得紧张和烦躁不安，开始躲避朋友，情况糟糕到我甚至害怕听到门铃声。我便认为我是一个失败者，还担心丈夫会发现这种情况。所以每当我出现在社交场合的时候，我就假装很开心，结果却做得很过分。我明白我做得太过分，也会为此感觉到难过。最让我不开心的是，我感觉到生活没有意义，并想到了自杀。可这种方式能解决我的问题吗？我陷入了沉思。有一天，我听到婆婆在谈怎样教养她的几个孩子，他说："不管事情发展到如何地步，我都会要求他们保持原来的本色。""保持原来的本色"这几个字深深地震撼了我，我发现我之所以那么痛苦，是因为一直在尝试着一个不适合我的生活。从那天开始，我就完全改变了，我试着保持自我的本色，了解自己的性格和优点，并且尽可能地穿适合自己的衣服。我主动去结交朋友，并参与了一个社交团队，起先是参加一个小的团队，在团队里需要我发言，一开始我会紧张地说不出话来。但随着发言的次数越来越多，我的勇气也在逐渐地增加。现在我感到很快乐，我的生活发生了翻天覆地的变化。我在教养孩子时，也要求他们保持自己的本色，这样才能消解负面的能量，让自己充满正能量。

詹姆斯·高登·季尔基博士说："保持自己的本色，就会像历史一样悠久又古老，也会像人生一样普遍。"不愿意保持自我本色，即是许多精神与心理问题的潜在原因。写过十三本书及数以千计文章的幼儿教育专家安吉罗·帕屈说："那些做事情与自己的本色不符的人是最痛苦的。"而这种渴望做不一样人的观念在好莱坞却很流行。例如好莱坞最知名的导演之一山姆·伍德曾指出，他在启迪一些年轻的演员时，总是会遇到一个很困扰的问题，那就是让他们保持本色。但很可惜，很多人宁愿做二流的拉娜透纳或三流的克拉克盖博，也不愿保持本色。而这种装腔作势、完全模仿别人的做法很容易令人失去自我。

对此，卡耐基认为，只有保持自我本色，你的生活才不会过得很痛苦。

卡耐基曾经问素凡石油公司的人事室主任保罗·包延登："求职者犯的最大的错误是什么?"保罗·包延登说："他们犯的最大的错误就是不坚持自己的本色，他们不敢用真面目示人，这样就显得不坦诚，会让人觉得他们是伪君子，结果当然难以得到录用。"

卡耐基讲述了一个故事："有一位女孩，她想当歌唱家，但是她的脸长得不好看，尤其是她的龅牙，让她在每次演唱时都觉得不美观，便想要去掩饰，但是这样一来她就表现得很不自然。后来，有一个评委对女孩说，'你很有天分，只是我发现你在表演的时候总是在掩藏什么，我知道你是在说你的牙不好看，不过，龅牙有错吗?如果你不能张开你的嘴巴，怎么更好地发出声音呢？如果你让观众看到了你的实力，我想他们会喜欢你的。再说，那些龅牙说不定会给你带来好运！'这个女孩接受了评委的忠告，从此不再去留心牙齿，她愉快地歌唱着，最终成为了电影界与广播界的一流红星。"

威廉·詹姆斯说："一般人只发挥了自己10％的潜能，而对我们身心两方面的能量，我们只使用了很少的一部分。如果再扩大一点，人会具有更大的能量，并懂得如何去做以及如何做得更为出色。"

卡耐基接着说："我们不要再浪费时间考虑其他人对你的看法，因为我们在这个世界上是独一无二的。"的确，我们是这个世界上的新鲜个体，之前没有过，今后也不会有和我们完全一样的人。遗传学家还告诉我们，你之所以是你，必是由你父亲的二十四个染色体与你母亲的二十四个染色体共同遗传的结果。在每一个染色体里，有几十个到几百个遗传因子，在某些状态下，每一个遗传因子都可能变化成一个生命。就算父亲与母亲结婚之后，生下的这个人正好是你，也是三十亿万分之一的概率。也就是说，如果你有三十亿万个兄弟姐妹，那么他们可能和你完全不一样，这是经过科学论证的。

坚持自我本色，会让你变得不一般，来看看欧文·柏林给已经去世的乔治·盖许文的忠告。当柏林与盖许文第一次见面的时候，柏林已经十分有名，而盖许文还是一名普通的作曲家。柏林十分欣赏盖许文的才能，就问盖许文要不要做他的秘书，薪水相当于他当时收入的三倍。但是，柏林告诫说："如果你接受的话，你可能成为一个二流的柏林，如果你坚持自己的本色，你会成为一流的盖许文。"盖许文经过再三考虑之后，决定要成为美国最重要的作曲家之一。

还有金·奥特雷、玛丽·玛格丽特·麦克布蕾、威尔·罗吉斯、卓别林都坚持自己的本色，结果能量得到了最大程度的发挥。就拿卓别林来说，在卓别林开始拍电影的时候，导演让他去学当时很有名的一位喜剧演员，但是卓别林却坚持自己的表演风格，最终创造出了属于自己的一套表演方式，并成为喜剧大师。鲍勃·霍伯也有类似的经历，他很多年在歌舞片上努力，却没有什么成就，直到发觉到自己有说笑话的才能之后，才一举成名。威尔·

罗吉斯一开始在杂技团里辛辛苦苦地干了很多年，但直到发觉自己在幽默上的天分之后，才获得了成功。在玛丽·玛格丽特·麦克布蕾梦刚进入广播界的时候，她希望当一名喜剧演员，但是这一理想没有得以实现。后来，她甘心在广播里出人头地，终于成为了纽约最受听众喜爱的广播明星。还有金·奥特雷在出道时，想改掉得州的乡音，穿得像是城里的绅士，自称是纽约人，可是却招来了大家的嘲笑。最后他试着弹五弦琴，唱他的西部歌曲，开创了了不起的演艺生涯，最终成为在电影和广播两方面都著名的西部歌星。

卡耐基说，你是这个世界上独一无二的个体，为此你应感到庆幸，并尽量利用大自然所赋予你的一切，发挥自己的潜能。归根结底，你所获得的成就都和你的实际潜能有关。你只要唱你自己的歌，只要画你自己的画，只要做一个因为你的经验、你的环境与你的家庭所造就的你。不管好坏，你都得建造自己的小花园，你都得在生命的交响乐中，演奏自己的音乐。

正如爱默生在《论自信》这篇散文里写到的：在每一个人的教育经历之中，他必定会在某时期发觉，嫉妒就是无知，模仿就是自杀。不论好坏，他必定保持本色。固然广袤的宇宙之间充满了好的事物，但如果不事耕耘，果实也不会从天而降。蕴藏于人身上的潜力无穷无尽，但他能胜任什么事情，别人无从得知，若不亲自去尝试，他对自己的能力就将一无所知。

诗人道格拉斯·马罗区也说：

要是你不能成为山顶的一株松

就当一丛小树生长在山谷中

可须是溪边最好的一小丛

要是你不能成为一棵大树，就做灌木一丛

要是你不能成为一丛灌木，就做一片草绿

使公路也有几分欢娱

要是你不能成为一只麝香鹿，就做一条鲈鱼

可须做湖里最好的一条鱼

我们不可以都做船长，我们得做海员

世上的事物，多得做不完

工作有大的，也有小的

我们要做的工作，就在你的手边

要是你不能做一条公路，就做一条小径

要是你不能做太阳，就做一颗星星

不能凭大小来判断你的输赢

不管你做什么都要做最好一名

　　要想培养平和、快乐的心态，请记住这条法则："不要模仿他人，要找到自己，坚持自我的本色。"

　　卡耐基在这方面上十分佩服已经去世的佛烈·富勒·须德，他身上蕴含着一种使人奋进的正能量。在他还在费城当编辑时，有一次，他在大学毕业班讲演，他问大家："有锯过木头的吗？有的话请举手！"接着很多学生举手，佛烈·富勒·须德又问："有人锯过木屑吗？"结果没有人举手。因为木屑已经被锯了下来，便是过去的事情了，就没有必要再去锯木屑。

　　不要沉浸在过去的悲伤之中，要相信我们会找出新的方式弥补内心的创伤。

　　卡耐基习惯于留心观察身边的人，包括那些犯了罪的人。有一次，卡耐基来到监狱，让他惊奇的是那些囚犯看起来像外面的人一样快乐。不过，监狱长告诉他，当囚犯刚进来的时候，情况都十分糟糕。可是过了一段时间后，他们就忘掉了那些不快，并尽可能地把眼前过好。

　　为何要浪费眼泪在过去呢？就算是拿破仑，也有三分之一的败绩，我们所要做的就是把负面的变成正面的。

　　卡耐基便由此感慨，每个人都会面临着一个问题，要清楚自己的心态，找到快乐的源头。

的确，快乐源于心态，如果我们想到的都是快乐的念头，那么我们就注定会快乐；如果我们想到的都是悲伤的事情，那么我们就会悲伤；如果我们想到的是可怕的场景，我们就会害怕；如果我们想到的是坏的念头，我们就会担心；如果我们想到的是失败，我们就注定会失败；如果我们沉浸在自怜之中，大家都会躲开我们。

这便是暗示的作用，我们要习惯性地用乐观的心态去面对生活，采取正面的态度会让我们变得更积极。

要是一个人总关心一些严重的问题，怎能在衣襟上插着花昂首阔步呢？

有一次，卡耐基协助罗维尔·汤马斯主演一部有关艾伦贝与劳伦斯在第一次世界大战中出征的影片。罗维尔·汤马斯事先拍好了战争的场面，用影片记录了劳伦斯与他那支多彩多姿的阿拉伯军队，同时记录了艾伦贝征服圣地的整个经历。他那穿插在电影中的演讲——"巴勒斯坦的艾伦贝和阿拉伯的劳伦斯"，在伦敦与全世界都引起了巨大轰动。该影片在伦敦成功之后，又在其他几个国家获得了成功。接着，他用了两年的时间，拍摄了一部记录印度与阿富汗生活的影片。但是，这时罗维尔·汤马斯却面临着巨大的债务，他开始垂头丧气，这使他的公众形象大跌。于是罗维尔·汤马斯决定转变自己的心态，勇敢地面对此次挫折，从此以后，他会在每天早上出去办事之前，买一枝鲜花插在衣襟上，接着昂首阔步地向前走。他没有被挫折击倒，对他来说，挫折只是生活的一部分，他有必要心态乐观。经过了这一番奋斗，他最终成功地走出了债务困境。这又一次证明了正能量所蕴含的巨大力量，卡耐基接着讲述了一个发生在美国内战时期的传奇故事：

玛丽·贝克·艾迪是基督教信仰疗法的创始人，不过一开始她感觉生命中只有贫穷、疾病、痛苦与不幸。她的第一任丈夫在结婚后不久就离世了，第二任丈夫又把她抛弃。她有过一个儿子，但由于贫病交加，在儿子四岁的时候就送给别人了，之后就再也没有见过儿子。她虽然健康状况不好，可对"信心治疗法"十分感兴趣。这是她生命中的转折点，就发生在麻省的理安市。那是一个很冷的天气，她走着走着便跌倒在了路面上，而且脊椎受了伤，她不停地痉挛着，医生也说她活不了多久了，医生还说，就算她能活命，以后也无法走路了。躺在病床上，玛丽·贝克·艾迪打开《圣经》，她读到马太福音里的句子："有人用担架抬着一个瘫子到耶稣面前来，耶稣对瘫子说，开心吧，你的罪赦了！起来，拿你的褥子回家去吧。结果那人就站起来，回家去了。"正是这两句话让她产生了一股正能量，一股可以医治她的神奇的能量，使得她"马上下了床，马上行走"。玛丽·贝克·艾迪说："这种体验太神奇了，就像牛顿发现万有引力一般，让我获得了新生。我现在总结到，这一切都是将负能量变正能量所发挥出来的作用！"

卡耐基尊重基督教，他虽然不是这个教派的信徒，但他的内心同样富于伟大而神奇的正能量。在卡耐基从事成人教育三十五年的时间内，他深刻地了解到男人和女人都是可以消除掉负面的心态的。关键是在于你是否愿意改变，改变了则会让自己发现新的美好。卡耐基见过很多这样的事情。

还在三百年前，密尔顿失明后，明白了一个道理："思维的使用和思想的本身，就能够把地狱造成天堂，把天堂造成地狱。"法国的哲学家蒙坦说："一个人由于发生的事情所遭受的伤害，不及因为他对发生事情所拥有的观念来得深。"也就是说，我们对所发生事情的观念，来自于我们的内心。

当你被烦扰所困扰之时，当你紧张不堪时，把负变正会让你走出这一漩涡。

实用心理学家威廉·詹姆斯说："行动似乎是随着感觉而来，可是事实上，行动与感觉是同时发生的。要是我们使自己在意志力控制下的行动规律化，也可以间接地让不在意志力控制下的感知规律化。"我们不能只凭"下定决心"就变化情感，但是却能以此改变我们的行动，当行动改变时，我们的情感也会随之发生变化。威廉·詹姆斯还说："如果感觉不到快乐，那么就去寻找使你快乐的方法，让你的言辞及行动使得你看起来是快乐的样子。"这种方法是否会奏效呢？你不妨去体验一下！让你的脸露出一个开心的笑容，然后挺起胸膛深呼吸一口气，接着唱一小段歌，要是你不能唱，就吹口哨，要是你不会吹口哨，就唱一段歌。你很快就能发现，不能再这样颓废与消极下去了。

卡耐基的一个朋友英格莱特，他至今还健康地活着，是因为他发现了这个秘密。还在很多年前，英格莱特患上了猩红热，当这个病好了以后，他又得了肾脏病，他看过很多医生，但都没有得到痊愈。后来，他又患了高血压，医生说情况十分严重，并建议他的家人准备后事。当英格莱特回到家里的时候，他开始忏悔之前犯下的种种过错，这让家人也感到十分难过。英格莱特对自己说："既然我在不久后有可能会死掉，那么何不趁现在快快乐乐地活着呢？"英格莱特脸上开始露出笑容，并且装作一切都很正常的样子。一开始的时候他觉得十分费力，但他这样让自己看起来高兴、快乐，不仅对自己的家人带来了帮助，也对自己带来了很大的帮助。接着他发现自己真的好了很多，他的病情在不断地改善。得益于他健康、乐观的心态，他的血压也明显降了下来。他终于肯定了一件事：如果总想到自己会死掉、会垮掉的话，那么医生的预言就真的会实现，好在给自己一个正能量的刺激，才让自己获得了第二次生命。

因此，卡耐基说，如果内心总是充满勇气与积极乐观的思想，那么就会让这个人从颓废与难过中走出来。只有自己才会创造出快乐，就没有必要为身边的事情难过了。

还在很多年前，卡耐基看到了一本小书，这本小书给卡耐基带来了正面的影响，书名是《人的思想》，作者是詹姆士·艾伦，卡耐基记得书里的一段话："一个人会发觉，当他改变对事物与其他人的看法时，事物与其他人对他来说就会产生改变——若是一个人把他的思想朝向光明，他就会很吃惊地发现，他的生活发生了很大的变化。人不能吸引他们所要的，而可能吸引他们所有的，能改变气质的秘诀就存在于我们心里，也就是我们自己……一个人能够得到的，正是他们自己思想的直接结果。""有了奋发向上的思想之后，一个人就能够兴起、征服，并能有所成就。假设他不能振奋他的思想，他就只能永远颓丧并痛苦。"

说了这么多，只是希望我们有支配自己的能力，要能支配自己的思想、感觉与行为，更重要的是要能够支配自己的心态。请记住威廉·詹姆斯的劝告："只要把内心的感受由恐惧转化为奋斗，就可以驱除掉大部分的负能量，使一切变得井然有序！"

为将来的快乐而奋斗吧！卡耐基十分赞赏"只为今天"这个计划，这个计划是很多年前西贝儿·派屈吉提出来的，如果我们按照这个计划去做，就能够消除掉很多忧虑，并会增加生活中的快乐。"只为今天"计划的内容如下：

1. 只为今天，我要很快乐。要是林肯所说的"大部分人只要下定决心都可以很快乐"这句话是对的，那么证明快乐是来自内心，而不是来自于外在。

2. 只为今天，我要让自己去适应所有，而不去试着调整所有来适应我的欲望。我要以这种心态接受我的家庭、我的事业与运气。

3. 只为今天，我要爱惜我的身体。我要多运动、照顾自己珍惜的生命；不要损伤它、不能忽略它；让它可以成为我成功的基础。

4. 只为今天，我要加强我的思维。我要广泛涉猎各个领域的知识，我不能做一个胡思乱想的人。我要看一些需要思考、更需要全神贯注才能理解的书。

5. 只为今天，我要通过三件事来升华我的灵魂：我要为他人做一件好事，可无须让人家知道；我还要做两件我并不愿意做的事，可这就像威廉·詹姆斯所提议的，只是为了练习。

6. 只为今天，我要做个讨人喜爱的人，外表尽量要修饰，衣着尽量要得体，说话低声，行为优雅，并不在乎他人的毁誉。无论是什么事都不介意，也不干涉或是教训他人。

7. 只为今天，我要试着只考虑怎样度过今天，而不急于将我一生的问题一次都解决。这是因为，我固然能连续十二个钟头做一件事，可要是一辈子都这样做下去的话，一定会吓坏我的。

8. 只为今天，我要制订一个计划。我要写下每个小时要做什么事情；或许我不会完全照着做，可还是要订下这个计划；这样最起码可以避免两种情况——过分仓促与犹豫不决。

9. 只为今天，我要为自己留下安静的半个钟头，使自己身心得到放松。在这半个钟头内，我要想到神，让我的生命更有价值。

10. 只为今天，我要心中毫无惧怕。特别是，我享受快乐，我要去欣赏所有美的事物，去爱，去相信我爱的那些人能爱我。

要是我们想在人际交往中保持良好的心态，请记住这一句话：在有了目的后要付诸行动，这样才会感觉到快乐。

卡耐基由此说，自我暗示这个名词，合适于经由人的五官进入个人意识中的一切暗示和一切自治式的刺激。也可以这么认为，它是一个人用语言或其他方法对自身的知觉、想象、思维、情感、意志等方面的心理状态产生某种刺激效果的过程。自我暗示也是自觉的暗示，是心理活动与意识思想的潜意识行为，能告诉你想要什么、追求什么、应该怎样做以及如何支配你的行为，这是每个人都不容忽视的。而自从有人类以来，数不清的思想家、教育家及传教士都强调了信心和意志的作用，并且明确地指出：信心和意志是一种心理态度，是一种能够通过自我暗示诱导与修炼出来的积极的心理态度！成功源于意识，心态决定命运！

归根结底，还是心态上的问题，而成功心理、积极态度的核心是自信主动意识，也就是积极的自我意识，这种自我意识来自于积极的自我暗示。而消极的态度、自卑的意识则被称之为消极的自我暗示，这就表明，不一样的意识与心态会带来不一样的心理暗示，而心理暗示的不同也会带来不同的心态。最终，心态会决定一个人的命运！假设在周末的时候，你和朋友出去游玩，偏偏这时候天公不作美，哗哗啦啦地下起了大雨，你会如何想呢？第一种情况是：该死的天气！哪儿也去不成了，只好无聊地闷在家里；第二种情况是：此时，可以看看书、听听音乐、写写文章，多么好！

这便是两种不同的心理暗示，会带给你不一样的结局。

我们的人生不会一帆风顺，当境遇是"半杯咖啡"时，做出正确的选择就显得尤为重要了。选择好的一面会让我们更阳光，正如一句话："所有的成就，所有的财富，都始于一个信念。"而坚持这种信念是走向成功的捷径，会让我们在社交场合中乐于表达，这样一来更容易建立起不错的人际关系。再看一则故事：

有一个小孩，他生活窘迫，家境贫寒，不得不以拾煤块、捡破烂来维持生计，所以有些同学就看不起他。放学以后，常有几个爱欺负人的孩子袭击他，并以此为乐。他每次受到惊吓或是挨了打骂后，只能流着泪回家，常常陷入无尽的恐惧与自卑之中。后来，他看到了《罗伯特的奋斗》这本书，这让他深受启迪，在心中渐渐形成了积极的自我暗示。于是，他便决定与命运进行抗争，打败对方。在一次放学之后，他又碰到了那几个恃强凌弱的孩子。他们大喊着冲向他，但是这次，他没有逃跑，也没有害怕得跪地求饶，而是挺身迎战，一鼓作气与他们拼打。结果他打倒了一个，其他的孩子见势不妙就逃跑了，从此之后那几个孩子再也不敢欺负他了。而实际上，他并不比前一段时间强壮，那几个攻击他的孩子也不比前一段时间脆弱，关键是他有了把负变正的能量，并不断积极地暗示自己最终才改变了自己命运。

这种自信越来越受到人们的重视，自信使世界上无数的人得以成功。美国的社会学家华特·雷克博士便研究了这样一个问题：

他从两所小学里找出两对截然不相同的学生作为研究对象。一对是表现不好，被认为是无药可救的；另一对是表现优良，被认为是能够上进的。那些品行不良的小孩，在他们遇到某些困难时，常常会预期自己必定会有麻烦，感觉自己比别人低下，认为自己的家庭糟糕透顶等。而那些品行优良的孩子则相信自己在学习上会取胜，相信不会遇到很多的麻烦。经过多年的追踪调查，显示的结果正如原先预料的那样：好孩子大多可以保持继续上进的记录，而那些品行不良的小孩则常常会出问题，其中还有人进过少年法庭。

这项研究表明：自我意识、自我评价对一个人的发展能产生深远的影响。

在一个孩子有了消极的自我意识之后，就会有不良的行为发生，也就很轻易被他人看做"没出息"、"没用"，以至于"有犯罪意图"。一个人的心理暗示如何，他就会朝着那种暗示的方向发展。要是一个人想戒烟，却心理这样暗示："我是戒不掉的！"那么，他就不可能戒烟成功。凡是认为"我不行"、"我注定会失败"的人，就不会取得成功。其实，人与人之间并没有多少差异，但这些小的差异却会造成人与人之间很大的区别，从而会有成功的人、幸福的人，也会有不幸的人、平庸的人。而那些很小的差异往往来自于不同的心理暗示，不同的心理暗示会造成不同的结局。一个人的命运也是由这种暗示决定的，这种暗示包括潜意识。卡耐基认为，潜意识就是已经习惯成自然、不用刻意控制的心理活动。而依据自然规律，人类是可以控制经由各种感觉器官进入潜意识的种种信息刺激与物质力量的。不过，这并不代表着人们能够随时随地运用自己的控制力。在大多数的情况之下，很多人并不善于运用这种控制力。如果人们都能很好地发挥这种控制力的话，就不会有消极的心态，就不会因一生的贫苦而感到卑贱。

潜意识就像一块肥沃的土地，如果在上面播下成功的良种，那么就会收获一片生机。自我暗示则是传播种子的控制媒介，一个人能够经由积极的心理暗示，自动地把成功的种子与创造性的思想灌输进潜意识的大片沃土，当然，也能够把消极的种子或是破坏性的思维灌输到这片潜意识的土地，致使杂草丛生。坚持积极的心理暗示，对一个人的成功便显得尤为重要，可以如下反应：

1. 通过心理暗示，把树立成功心理、发展积极态度这个总原则变成了能够具体操作的方法与手段。这就是说，转变意识、发展积极态度，就要从心理上的自我暗示做起。

2. 心理暗示是人的自我意识中"有意识"与"潜意识"之间的沟通媒介。人不可能有意识地选择与控制所有的思维行为，而通过持久的积极暗示，则会使自信主动的电流和潜意识接通。

3. 因为心理暗示的内容是具体的、实际的，因此坚持积极的自我意识也就必定要确立自己的目的，而且关键的目的将渗透在潜意识中，它将作为一种模型或蓝图支持你的生活与工作。

4. 通过心理暗示这个具体实际、能够操作的环节，我们可以把内容复杂的成功心理学融会贯通，化为简单明确而又坚定不移的信心与意志，而且能够立即行动。正由于心理暗示能够直接支配和影响你的行为，"自我意识决定你有没有发展、能不能成功"这句话就变得更为重要了。

然而，在现实之中，在社交场合之中，如何通过心理暗示让所有遇到的事情与工作都满足自己的兴趣呢？来看一下女打字员是如何做的：

这位女打字员在一家汽车公司上班，让她感到没有意义的是，每个月她都要抽出几天的时间填写一份塞满了统计数字的报表。这种枯燥的工作令人烦心，那么如何让工作变得新鲜而有意义呢？女打字员想到了一个方法：她记好每天早上所填的数量，希望在下午的工作中打破自己的纪录，然后再记好一天所做的总数，希望第二天想办法再打破前一天的纪录。这样一来，她很快就把报表填完了。她速度这么快，是希望升职加薪吗？还是为了获得赞扬、得到感谢？这些都不是她的目的，她的目的在于快乐地完成那些看似没有意义的工作。这样她就有了更多的时间去学习和休息。

还有一位打字员，她是和卡耐基认识的，她的名字叫莉莎，住在伊利诺伊州爱姆霍斯特城坎尼华斯大道上。她做到了把没有意义的工作假想成有意义，结果获得了很好的回报。在这一把负变正的心态上，她对卡耐基说："在我们的公司有六位打字员，但仍是每天很忙。有一次，经理让我把一篇长文章打两遍。我说只打一遍就行了，经理说只要不出错就可以，最终我果然只打了一遍就顺利通过了，这让经理感到很吃惊，对我说：'你是如何做到的呢？我当时以为你只是随便说说罢了，没想到你真的做到了，其中的秘诀何在？'我笑着告诉经理，在我打印这篇文章的时候，我在心里暗示自己一定会第一遍就通过，结果由于我的这种正面的能量，就真的能通过。"

卡耐基很赞赏莉莎小姐，在他经过了几十年的证明之后，更加明确了在生活中，把负能量转变成正能量的重要性。卡耐基经常会对别人说："同样是一件事情，如果你想到了好的一面，事情就会向好的方向发展；如果你只想到不好的一面，那么事情就很难得到好的结局。"

因此，卡耐基建议，多一些积极的自我暗示，将会产生更多正能量，这会让你赢得更多的支持与关爱，你也会变得更加快乐并与成功握手。

第三节　管理者协调好下属活动

在与人交往之中，对于管理者而言，卡耐基认为，管理者会遇到这样的一些难题，例如当希望把个人的利益和组织的利益结合起来时，却发现个人的利益与组织的利益发生了冲突。此时，既要坚持个人的原则，又要注意组织的程序。

每个人都希望按照自己的喜好来做事，但当个喜好与组织利益产生矛盾时，就需要协调二者之间的关系。卡耐基认为，协调是必需的，协调的艺术也是必要的。世上的很多事情并不是说到就能做到的，需要讲究协调的艺术、协调的方法。

对于组织上的协调，卡耐基有一套独特的协调艺术。他认为，要想管理好一个公司，协调管理的根本是"领导"，也就是"领"与"导"的艺术。

关于这些，曾经有人做过一个实验：让三组人在公路上分头向十公里外的三个村子行进。第一组人不知道村子叫什么名字，也不知道村子有多远，只知道跟着向导走就行了。在走了两三公里时，第一组就有人开始叫苦了，还没走到一半，有的人就愤怒了，他们抱怨大家走得太远，不知何时才能到达目的地。有的人甚至干脆坐在路边，不想再走了。全组人的情绪越来越涣散，最终变得七零八落，到达目的地的人寥寥无几。第二组人知道去哪个村庄也知道有多远，只是路边没有里程碑，他们只能凭经验估计着大约的时间。这个小组走一半时才有人叫苦，很多人想知道他们已经走多远了，较有经验的人说："大约刚刚走了一半的路程。"接着大家又簇拥着向前走。当走到四分之二的路程时，有的人情绪低落，感到疲惫。当有人说快到了的时候，大家又振作精神，继续前行。第三组人知道去的是哪个村子，有多远路程，而且在路边每公里有一块里程碑。这样，人们每看到一块里程碑心里就有一阵小快乐，以至于情绪高昂地走着，当走了七八公里的时候，大家感觉有些累了，可并不叫苦，反而说笑着继续前行。在最后的路程里，他们的情绪越来越好，速度越来越快，终于他们到达了要去的村子。

这个实验证明人们要目的明确，而且要把行动与目的不断地进行对照，并清醒地知道与目标距离越近时，动机越得到加强，这样就会自觉地克服障碍，努力达到目的。

在企业里，管理者的职责是统一全体成员的观点与行为，并为他们确立目的，提供行动的途径。管理者要为成员指导方向，领而导之，这样，才能称得上是领导。但有些管理者却不明白这一点，他们认为自己的下属对于要干什么已经很清楚了。然而，当你问职工们什么是他们的工作，这些职工的回答和他们的管理者十有八九不一样。为什么会出现这种结局呢？因为管理者只以通俗的方法把行动告诉下属，以至于下属莫名其妙、糊里糊涂。卡耐基说，管理者们要为下属确定目的，并把自己的想法明确地告诉给他们，这是一种令人鼓舞的方法，是协调工作的关键。

韦维尔元帅曾在《军人和军人生活》一书中提到克伦威尔的铁骑兵，他说："这些铁骑兵知道为什么而战，并且热爱自己的事业。""知道为什么而战"这一点对军人来说至关重要，对组织中的成员也是如此。对于管理者来说，如果不把目的传递给下属，就失去了管理的作用，就难以协调好下属的活动。因此，卡耐基认为：确立目的是协调的根本。

在经营管理时，通过多年的观察与实践，卡耐基深刻地体会到："领导"是协调管理的根本，而调动积极性是协调管理的重要手段。

来看一则故事：

有个大学生打算在寒假期间为群众义务修理电器，但是他还要在寒假里复习功课。这样就发生了冲突，结果他在义务活动与功课之间难以找到平衡。

这就是没有协调好目的与行动的关系，对于管理者来说也是一样，管理者常常会遇到个人目标与组织、集体的冲突。例如，在一所学校里，有的语文教师喜欢文学创作，有的物理、化学教师想去报考研究生，他们对本职工作只抱着敷衍的态度；有些教师向往大城市、大机关、大单位而四处活动；有的固然"安心"，可却沉醉于小家庭的"基本建设"。这些潜在的个人目的就会和集体目的发生冲突。

在《礼记·檀弓》中，有这么一个故事：

相传，齐国有一年旱灾。有一位名叫黔敖的富人大发善心，在道旁设置了个粥篷，向来往的饥民施舍。这时候走过来一个饥民，黔敖就大声地说："喂，可怜人，过来吧，这有吃的！"那个饥民抬起头看了黔敖一眼，有气无力地说："我正因为不吃嗟来之食，才落到这步田地的！"那个饥民拒绝了黔敖的施舍，最后不食而死。

为什么黔敖在这里没有达到自己的施舍目的呢？在于他只注重物质上的施与，而这个饥民希望得到的却是精神上的慰藉，所以他宁愿饿死，也不愿意吃带侮辱性的食物。

这就要求管理者要兼顾物质上的奖励和精神上的激励，只有协调好二者的关系，才能更好地实现管理目标。

人是需要点精神的，这是人行动的根本动力，也是受人的意识调控的。卡耐基认为，在现代化管理理论之中，有一个十分重要的问题，那就是动力问题。一般来说，现代管理中有三种基本动力：物质动力、精神动力和信息动力。其中物质动力和精神动力适用于积极性的调动。物质动力能够满足人的一些较低层次的需求，不过如果过分地重视物质动力，就会忽略了精神动力，产生"拜金主义"。物质动力的作用是短暂的，精神动力的作用才是长远的。如果能够将物质动力与精神动力很好地结合起来，那么就会产生不一样的促进效果。

管理者要充分调动好下属的积极性，并掌握动力的原理。一方面要使用物质动力的杠杆，一方面要使用精神动力的杠杆，这样便可以在满足下属心理需要的同时，增强下属对国家、人民和企业的责任感。如此一来，下属的积极性就会越来越高。

列宁在谈到物质刺激时曾这样说："要是给我这样一种照顾，天天给我八分之一磅的面包，那我就不胜感激。重点制的优先照顾也包含消费方面的优先照顾。要不，重点制就是幻想，就是空中楼阁。"那么，唯物主义者就要承认物质刺激所带来的效果。对于劳动者来说，正确实施按劳分配制度，根据生产效果采取发放一定的奖金、及时提级加薪等物质鼓励措施与某些惩罚措施，都是现代化管理所不可忽视的有力杠杆。而物质动力并不是万能的，卡耐基认为，固然老板会不停地使用物质动力，但与员工的矛盾还是会层出不穷。如果不恰当地运用物质动力，就会产生副作用。因此，不能让员工仅仅是为了钱而干活，要让他们明白他们的责任和价值。

卡耐基认为，不恰当地使用物质动力会带来一些麻烦。解决的方式，必定将物质动力和精神动力结合起来，也就是将物质鼓励和思想工作相联系。这种方式能很好地使下属的思想、动机、需要达到高度的统一，并引爆内在的正能量，发挥出最大的生产积极性。卡耐基还说，如果一个人有动机，但却没有正确的人生观的话，他就不会在所在的行业里取得盖世的成就。作为管理者，要想让下属的个体目标趋向于集体目的，固然物质鼓励是必需的，可也不能忽视了思想工作的重要性。一旦下属提高了思想觉悟，就会加强对集体的责任感，就能协调好个人目的与集体目的之间的关系。卡耐基便说，应当关心人群关系问题，这是目的管理的根本，是协调群体行为的基础内容。来看一则故事：

唐·兰利是美国惠勒制造公司最优秀的基层管理者之一，他从基层的职位升到了这个公司的计划部门担任参谋工作。他领导过的部门是该公司中实现最高业绩的部门。而且，在他任职期间，这个部门没有发生过职工不满的事情，可其他的部门似乎总是不断地出现职工不满的问题。

还有一个故事：

据何世朝的下属与上级反映，何世朝是一个关心业务，公平、诚恳、真挚而且体贴下属的主任，很多人还认为他是一个关心他人的思想、目的和未来计划的人。他名扬整个公司。很多别的部门的人都喜欢到他手下来工作，而他的下属们却为有这么一位主任而觉得自豪。何世朝的调离，让下属们有一阵子不开心。由于何世朝既是他们的领导，又是他们的知心朋友。他们提出申请，请求管理部门不要把"他们的何世朝"调离。何世朝本人没有说什么，可他对提升似乎不太感兴趣，因为他愿意在基层工作。

在何世朝调任一段时间后，发生了一系列的问题。他原来部门的生产率开始下降，还引发了职工的不满与抱怨，有的职工也辞职了。何世朝也想辞职，因为他对新的工作不满意，认为领导不能让他的才能得以发挥。

有很多管理者，公司仿佛看上去赢了，但手下干活的人却亏了。有时候，下属与上级的看法是不同的，上级认为自己是合格的管理者，下属则未必认为他是。也有一些管理者会与下属打得火热，下属认为他们是"好人"，但上级却认为他们无能。因为这是对下属的放任自流，固然关系很好，却忽略了自己作为管理者的职责。

下面我们来看三个拥有良好人际关系的人，第一个是第二次世界大战时的美国陆军参谋马歇尔将军，第二个是原任通用汽车公司总裁的史洛安，第三个是史洛安的高级主管之一杜瑞斯特。这三个人的性格是不同的。马歇尔是职业军人，严肃忠诚，可不缺乏热情。史洛安拘谨得体，有威凛之风。但杜瑞斯特则温和、热情。但他们却有一个共同点：待人忠诚，让人易于接近。

他们三人待人方法相同，都能和别人密切合作，所有的事都能设身处地为别人着想。他们有着严格的人事决策，并没有受到过人群关系的困扰。他们让人在工作时，还会让人觉得被关心。而所谓"关心人"，不仅在于与下属建立和谐的人际关系，也要让下属抱有感激之心，"关心"的目的在于"沟通"。现代管理者应当重视沟通，一旦沟通的关键停止，组织也会宣告失败。一个组织中的核心观念即在于沟通，这会促进团队的合作与协调。沟通包括领导成员之间的沟通、上级与下级之间的沟通。管理者应该强调集体的智慧。19世纪时，普鲁士将军香霍斯特曾在军队进行体制改革，建造了参谋部制，运用参谋们的集体智慧来帮助统帅执行决策。在中国的农村，有一种古朴的劳动工具——夯。打夯者一定要同心协力，共同行动。否则，你动我不动，就会出乱子。领导者之间也要像夯一样达成一致的意见，在此之前要去交流，也就是要沟通思想。如果不进行沟通的话，就会出现各自为政的局面。就像是几个人在拉车，却朝向不同的方向，纵然是费了九牛二虎之力，也是原地踏步。高明的领导者知道沟通是协调关系的好办法，并知道如何进行沟通。

卡耐基便在与人交流的社交上总结，上级与下级要在观念上进行沟通。一家英国的企业有上千名员工。从它现在赚取的可观的利润来说，它表面上并没有衰败的迹象。可是有人认为该公司"自处于一个愚人的乐园中"。由于它在管理上有许多不妥之处，这会毁掉这个经营不错的公司。诱发的因素是多方面的，主要在于组织结构与人际关系的问题。这个企业的组织结构是混乱的，几个部门的管理人员各行其是，谁都可以向零售商店的经理直接下达命令。因为，公司的经理从来没有对各部门的职权范围做出明确的规范，事实上这等于默认了他们的做法，这样就会让他们对自己的行动有完全的权威，就能够在不和其他管理者协商之下自行其是。由于在这些管理人员之间就没有正确的沟通方法，就使零售商店的经理同时有几个领导，并对他们不一样的命令不知所措。要是他们提前明白中国的"狐裘龙茸，一国三公，吾谁适从？"这句古话，就会深有感触了。另一方面也存在着董事会与职员之间交际的难题。这个企业总是以有良好的职员关系为荣，这是一个导致衰败的因素，会让职员的素质下降。董事会也不可自我感觉良好，恰恰是这些感觉良好造成了与职员之间的隔阂，以至于产生了相互之间的不信任感。职员要对董事会予以信任，才能确认自己的责任与前途。不然董事会不予以理睬，也不征求他们的意见，就会使之间的关系恶化。董事会难以有威信，之间造成不可估量的后果也可想而知。卡耐基认为，公司在沟通中缺乏经验，尤其是管理者喜欢发号施令，这会造成不必要的协调。可以想想看，这会让下属觉得管理者不通情达理，还会采取应对措施。

而沟通的另一个方面，是管理者应对下属的行为做出及时的反馈。不管是奖励还是惩罚，都不可以等到时过境迁以后才实行。应让下属感到你是时刻关注他的，从而提高生产积极性。

人都是处在一定的集体之中，要把他个人的目标与组织的目标协调一致，会有助于各自发挥所长。集体成员之间的和谐是重要的，要"我助人人，人人助我"，要避免"各人自扫门前雪，莫管他人瓦上霜"的冷淡关系。在这样的集体关系之中，人们便会产生一种满足感。就像是在生活之中，如果甲对乙大发雷霆，乙以牙还牙的话，只会形成一种敌对关系的恶性循环。如果能够从自身找原因，相互理解，便会团结一致、携手共进。显然，和谐的关系对集体的生存有巨大的价值。首先，它能够促使人们相互学习，取他人之长补己之短。其次，它让集体中的人有一种"同舟共济"的感觉。他们在这样的集体中可以充分发挥自己的聪明才智，所有人都不会有"为他人作嫁衣裳"之感。大家对集体的目标视为"共同的利益"，他们只有一起加油，互相协助，才能维持这个"共同利益"。最后，和谐的关系能够产生优良的工作效率。

卡耐基说，目标是协调的基础，目标的设置与达成会让集体内的成员产生一种向心力。而管理者要协调好工作，就要使这种向心力得以最大限度发挥。管理者还要通过多种渠道使内部的关系保持和睦，而且要建立一种良好的工作氛围。至于通过什么渠道，采用什么方法，就需要具体情况具体分析了。

在公司的管理之中，组织是一个大的集体，各个部门是小的集体。各个部门之间要很好地合作，这是成就整个集体至关重要的一点。卡耐基说，管理者在协调好下属活动的同时，也要注重相互之间的合作。这就会让一个公司朝着一个良好的方向发展，并越来越壮大。管理者之间越协调，个人分工就会越来越细，个人的职责也会越来越明确。

在某一个专门生产零件的工厂，如果生产出来的零件最后不能配套，这些零件只能是一堆废铁。合作之所以关键，是因为只有团结一致才能发挥团队最大的力量。集体内部有各种力量，把这些力量按同方向组织起来，就会形成更巨大的力量；要是不合作，方向不一，力量就会相互冲突，相互抵消。

我国自古把合作看成一种美德，合作是社会与事业兴旺发达的标志。正所谓"天时，地利，人和"、"礼之用，和为贵"，这所谓"和"，指的就是要合作。合作的必要条件包括两方面：一是合作的双方必定以企业的目的为共同的行动方向；二是要以共同的利益为根本。而促进合作的方法很多，它主要是各部门之间增加接触，互通信息；让各部门常常进行磋商，就彼此能够给予什么或获得什么达成协议，让各部门找到大家利益的共同点，在目的上得到统一。目的一致了，各部门就会提出使有关各方面都赞成的可供选择的解决措施。

在英国伦敦，一家企业的管理者查尔斯说："我现在很好地明白了管理者应该协调好下属活动，而且也要协调好与各部门之间的关系。你很多方面都需要做到，在人际交往之中，你必须要有合作与协调的精神，这是成就你的关键。一旦一个人做不到协调与合作，不光会影响到自己，也会影响到自己的单位与企业。"

的确，合作与协调很重要，其关系到很多方面上的成败。对于管理者来说，他要提高下属的积极性，就必须向下属明确工作目的。对于这样做的原因卡耐基说，目的对行动有导向的作用，会指引个人与集体清晰地前行。目的对行为有激励效果。在行动遇到困难和阻碍时，目的可让人产生克服困难的勇气和力量，而当行动一步步接近目的时，又能给人鼓舞，激发人的工作激情。当目标实现时，人们会得到满足感与自信心，并向新的目标迈进，这是目的的激励效果。目的还会对群体行为产生凝聚作用。当人们有一个共同的目的时，群体就有了集体的特点，就能相互配合、协调。日本在这一方面做得很突出。日本的经济在第二次世界大战之后获得了快速的发展，它的家用汽车、电器、计算器等代表着时代最新潮流的商品势不可当地打进了国际市场。让美国与欧洲一些经济强国对它刮目相看。日本为什么会这样成功呢？卡耐基说，日本十分注重信息科学与管理科学，这是它成功的关键。我们来看看日本在人事管理方面上的技巧：

在日本，人们会把自己和所在的公司联系在一起。在人们介绍时，会形成这样的一个习惯，我是"某某某钢铁公司的"、"我是三菱人"、"我是日立人"等。这源于日本的民族意识观念。在日本社会中，存在的集团意识是根深蒂固的，它源于日本人传统的"家"的观点。可如今这个"家"已不是拥有单纯血缘关系的概念了，而是在经营组织根本上建立起来的社会集团。工作集团里的人伦关系替代了人类情感的血缘联系。日本人对企业有很深的感情，几乎把他们的命运和企业联系在了一起。日本人的事业观从属于他们对企业的忠诚感，他们工作不苦，因为他们认为工作拥有某种神圣的价值，当然，这就产生了工作的目标性。企业好比家庭，首要的目的是实现整体的繁荣，而不是个人愿望的满足。为企业生活才有意义。正是这种事业观，日本人有"爱公司精神"、"新家族主义"、"公司是大家的"等口号。这种事业观还把个人与集体紧密地结合起来，让集体有了团结一致的凝聚力。对于企业的命运与利益，大家都同样关心，这让管理者与职员都倍感鼓舞。

卡耐基说，把企业当成家的人全都具有一种同舟共济的合作精神。这也是现代化管理中必备的重要内容，还是管理的一个根本方面。对于中国来说，中华民族自古便有强烈的义务观念，其"爱厂如家"并不低于"企业是大家的"的精神，可要承认，中国人的义务感更加偏向于血缘关系，并不像日本民族是倾向于所属集团的。不过，事在人为，管理者还是能够通过工作使中国人的义务观升华，调动出他们最大的积极性。

从理论上来说，有两种方式：一是引导组织中的成员，让他们都有一个一体化的感觉；二是建立一种内部组织，把公司里的各个人相互联系起来，以达到巩固本企业的目的。只有当公司中的人团结一致了，公司的目的才会对他们带来效果。两种方式如能同时并用，互为补充，则为更好。

"参与管理"的益处是：第一，工人的建议、斥责和其他活动，对医治工厂各级组织的官僚主义弊病十分有帮助，可让组织充满活力。而且，这种方式沟通了上下级的关系，使人际关系更加融洽，上下齐心。而基层管理者变为协调者，不再只是发号施令了。第二，对个人也有益处。工人们提高了生产率与产品质量，还受到鼓舞与教育，认为工作更有价值了。第三，"参与"让工人都能了解经理的意图，了解了这样做的目的。并且不单是了解，还引导他们"参与"了目的设置的协议，由此他们认为这目的不是他人强加给他们的，而是他们自己定出来的，这个目的与他们的个人目的是一致的，进而将会产生巨大的工作热情。

另外，日本的管理者十分注重鼓励员工参加由工厂组织的社团活动。例如，丰田汽车公司大力号召员工参与本公司的运动会与文化教育会。垒球、橄榄球、游泳、排球、滑雪等项目约有千名会员；日本象棋、围棋、纸牌、吹奏乐团、吟诗等大约有一千八百名会员。此外，日本的公司为了更好地团结、协调员工，还经常举办综合运动会、夏令营、游泳大会、成人仪式等活动，平均每月有一次活动。这些公司十分重视员工的个人成长与集体的发展，这是日本管理者的聪明之处。

日本人是擅长管理的，他们在很好地协调了下属与管理者的同时，实现了企业的目的。这是卡耐基大为赞同的，卡耐基说："管理是科学，也是艺术。"尤其是人事管理更有艺术性。"人事管理"面临的最大障碍就是调动积极性的问题。因为人事的复杂性，也就让这个问题不那么容易解决。这绝不是简单地用金钱就可以解决的。至于如何解决，卡耐基说，管理者要熟悉人、掌握人、管理人，就要明白有关人行为的所有问题，这是协调群体行为的根本。至于如何协调群体的行为，实现目上的管理，卡耐基提出了两条建议，一是抓紧目的，二是协调人群关系。目的可以让人群关系产生向心力，而群体行为的协调成功与否则取决于目的。另外，一个管理者能否取得事业上的成功，还要看他能否有效地排除人为的干扰。人为的干扰是失败者所遇到的来自他人的干扰。这种干扰阻碍他人的正常学习、工作与生活，造成正常秩序的被破坏，让人不能顺利地完成原定的任务，偏离正确的航向与健康的轨道，最终导致失败。从社交场合的人际关系来说，人为的干扰有来自上方的干扰、来自下方的干扰和来自水平方向的干扰。来自上司、长辈的干扰归于来自上方的干扰，来自下属与晚辈的干扰归于来自下方的干扰，来自同一地位同一层次、同一水平的其他人的干扰和所有不具有上下级关系、长晚辈关系的其他人的干扰都是来自水平方向的干扰。在这些干扰之中，来自上方的干扰是影响最大的，也是最难解决的。尤其是当有两种或两种以上的干扰时，很容易让人乱了方寸。从干扰的生存状态来说，人为的干扰有"死人"的干扰与"活人"的干扰。"死人"，是凭借其错误观念束缚人，所谓"死人抓住活人不放"，就是以其错误的观念和理论给活人套上重重的精神枷锁，让活人很难摆脱。"死人"的干扰是无形的，然而却是十分有力量的。"活人"的干扰，是活着的人用物质的、精神的和行政的手段所实施的干扰。按照干扰的动机区分，人为的干扰可分为善意的干扰与恶意的干扰。善意的干扰，其根本是想帮助失败者，从善良的愿望出发，可实际上却好心办坏事，帮倒忙，反而造成了帮助对象的失败。恶意的干扰，是出自邪恶的心态的干扰，不安好心、心怀恶意的干扰。报复心、嫉妒心是产生恶意的基础。恶意的干扰往往是以隐形的状况出现的。从干扰本身的表现形式来说，人为的干扰包括无形的干扰与有形的干扰、直接的干扰与间接的干扰、公开的干扰与隐藏的干扰、暴力的干扰与非暴力的干扰等。从受干扰者的抗干扰能力与干扰本身的力量对比关系上来划分，人为的干扰包括可以抗拒的干扰与难以抗拒的干扰。当难以抗拒的干扰作用于受干扰者时，失败就随之产生。

卡耐基在此告诫管理者，要想成功就要巧妙地协调好下属的活动。如果你不能协调好与下属之间的各种问题，那么你就不算是一位称职的管理者，就会与下属及其他的管理者产生隔阂，一旦这样，就会得罪更多的人，也会把自己的前程葬送掉。

卡耐基再一次强调，身为管理者，要协调好各种人际关系，这会带来一股正能量，使个人和企业都蓬勃地发展。

第四章

经商的智囊

卡耐基也是一个商人，他对学员们说，他在商业上的成就得益于他的三个智囊，即：把握住每次机会、增强创新意识、提高心理素质。

这三个智囊的能量何在?就需要我们细细地去体会了。

第一节　把握住每次机会

在现代商业社会之中，个体几乎都会被组织到不一样的单位，例如，学校、机关、工厂、研究院等。要承认市场经济在越来越繁荣的同时，也提供了越来越多的职业与岗位。有的职业晋升快、致富门路宽，有的职业却缺少种种成功机会。正是由于成功机会的不均等，人们越来越重视对职业的选择。

尤其是近些年来，跳槽蔚然成风，这种现象反映了人们追求成功机会的心理。在择业的过程中，成功机会成为人们考虑的问题之一。能接近有机会的人和机构，是每个人都希望的，然而机遇的取得是难能可贵的。尤其随着人们观念的改变，成功机会也在不断地变化，如很多人"下海"经商、炒股、做房地产交易等。在这些商业上找到"均等"的成功机会，则显得很重要。

人们都会选择有利的工作和生活环境，因为那里能获得更充足的阳光和养料，就像是草木的生长一样，人们也需要有一个拥有蓬勃生机与活力的客观环境。于是，人们更乐意接近那些带来机会的职业岗位和人事环境。只要环境好，成功机会发生的概率就会高，就容易获得成功。一般来说，新的开发区与新的单位，由于受旧观念的影响小，机会的概率会大一些，而这些地方的员工需求量也会大一些。只是人们很少愿意在这些地方工作，因为在这里需要从零开始，需要更新观念，需要面对更多的挑战。可以说，在这些地方，挑战与机遇并存，只有勇敢地迎接挑战，才能捕捉机遇，赢得幸福。卡耐基说，要摆正挑战和机遇的关系，处理好兴趣、气质与性格之间的关系，只有按照自己的特征去设计人生，才能叩开理想的大门。

通常来说，性格包括个人倾向、个性、智能、自我协调性等方面的内容，性格会直接影响到人们捕捉机会、创造机遇的能力。性格的差异也是影响人们事业成败、命运好坏的一个关键因素。经科学验证，性格会直接影响人们的注意力。蒲松龄说："书痴者文必工，艺痴者技必良。"这揭示了机会和注意力之间存在着一定的关系。琴纳创立了免疫学，在于他注意到了挤牛奶的妇女不得天花这一现象；牛顿发现了万有引力定律，在于他注意到了苹果落地的现象。贝弗里奇说，科学家的探索与发现往往源于他们的好奇心。正是这种强烈的好奇心，促进了他们捕捉机遇的动力。

卡耐基认为，好奇心关键的一条是不满足于现状，会从现状中展开思维想象的翅膀，这样就会很容易捕捉到成功的机遇，赢得商业上的契机。而气质在机会捕捉的过程中不可或缺，气质是典型的稳重的心理特征，这主要体现在人的性情与脾气之中。人的气质有很大的差异，这些差异体现在日常生活的细小行为之中。值得注意的是，气质会影响到人们的择业机会。一般来说，胆汁质型的人直率、热忱，个性外向且精力充沛，适合从事教育、社交等工作，比较容易在推销、企业管理、公共关系等工作中得到机会，获得成功。同时，因为胆汁质型的人神经活动的兴奋性很强，思维机敏灵活，动作反应快速，这类人在侦察、侦探和自然科学领域也较容易捕捉到成功的机会。在气质上明显属于胆汁质型的人，不宜于做微循环、外科手术、精密仪器等方面的工作，因为这些工作要求其从业人员耐心细致，对此，胆汁质型的人往往难以适从。多血质型的人活泼好动，敏感而反应快速，情感外向。这类人多喜欢和人交往，好结交朋友，对新环境的适应性较强，有"四海为家"的生活习惯。这类人适合成为企业家、自然科学家与社会活动家，适合从事自动化操作，打字与商品推销等工作。黏液质型的人心境十分安静、稳定，毅力和耐力好，适合于选择那些需要耐心和情绪稳定的职业，例如科学研究、外科手术、微电子技术、仪器检修等。抑郁质型的人善于观察，情绪体验深刻，做事仔细、谨慎，但是多愁善感，遇事优柔寡断，性情孤僻，行动反应较慢。这种人适宜进行诗歌、小说的创作，从事那种需要谨慎、细心的职业。黏液质和抑郁质同属气质内倾型。由于抑郁质型的人情感内向，以自我作为行为的出发点，行为特点表现为静态、主观和理想化，所以在行动上常会产生一些主观意象，固守着一种浪漫主义的行为逻辑。这种人能够成为小说家、思想家和哲学家，适合做一些需要安心、细心与耐心的工作，比如维修、审计、会计、信息处理等。

不过，很多人会拥有一种混合型的气质，气质不同的人也会有不同的职业机会。人们在面对挑战时，应当根据自身的气质来捕捉机会，这样才会最大限度地发挥自己的聪明才智。如果不能根据自己的气质去择业，那么在工作时很容易会感觉到心有余而力不足。

在当今 21 世纪，科学技术迅速发展，机遇和挑战并存。人们只有不断学习，不断充实自己，才能紧跟时代的步伐，才不至于被逐渐发展的商业社会所淘汰。

卡耐基说，在商业之中，人们要认识到发展的规律，掌握新技术，才能捕捉到成功的机遇。在 1981 年，英国的查尔斯王子和戴安娜要耗资 10 亿英镑在伦敦举行婚礼。消息一传开，立即吸引了伦敦乃至整个英国商业人士的关注，人们都想抓住这千载难逢的机会。不过，在各种商业对决之中，只有一个经营"望远镜"的商号很好地从中胜出。这家老板认为，人们在那天最需要的不是赚钱的东西，而是能够一睹王妃尊容与典礼盛况。至于买一枚纪念章、买一盒印有王子与王妃图案的糖，远不如看清人与景物的望远镜更实际，因为在那天会有上百万的人来到现场，而大部分的人距离典礼中心很远。结果这个老板捕捉了这一商机，在盛典当天他的几十万副望远镜瞬间被抢购一空。不用说，这个老板发了一大笔财。

卡耐基说，机会是公正、平等的，就看谁抓得最准、用得最好了。在商业之中，企业家不仅要抓住机会，更要深层次地研究、利用机会。但是要想在机会上胜人一筹并非易事，因为人们通常只在特定的环境中去发现机会，没有对机会进行更深层次地分析，也就无法充分理解公众的需求心理。而人的行动选择趋向的正确与否，还在于人的价值目的的选择。在价值目的确定的时候，要注重阶段目的、事业目的和多种行为目的。只有很好地在这些之间进行选择，才能不违背长远利益。一般来说，阶段目的、具体目的和根本目的一旦发生冲突，就要调整阶段目的与具体目的，否则就会损害到根本目的，导致方向发生偏差，以至于给全局带来不必要的影响。而价值的趋向是否正确，还在于如何处理个人利益、他人利益和社会利益之间的关系。此时，应把个人利益、他人利益与社会利益联系在一起，并从中再加以选择。一个人一旦处理好了这些，就会提高眼光与觉悟，并能很好地洞察个人价值与国家、集体之间的关系，最终捕捉到成功的机会。

社会需要各方面的人才，不管个人从事什么样的工作，都要妥善地处理好个人与社会、集体之间的关系。而无论自己是否喜爱自己的工作，是否做着自己感兴趣的工作，都应该会全心全意地去工作，并随机应变，适应不断发展的新情况。不然固执自己的道路，只会走入死胡同。而常言说"推推不成，拉拉看"、"行人身后，别有洞天"，当我们在原来的兴趣上无法获得成就时，就要跳出这个圈套，找到适合自己的兴趣与发展方向，才不至于总深陷在泥潭里无法自拔，才能够"山重水复疑无路，柳暗花明又一村"。

卡耐基说，人生的选择源于兴趣和出于责任。要很好地看待这两者之间的关系，这两者是有矛盾的，并且在事实选择中常常会有冲突。例如，有的人对责任性强的工作往往没兴趣，而对自己感兴趣的工作又感到社会价值太低。要处理好二者的关系，最先要提高自己的社会责任感，包括对社会、对朋友、对家庭、对个人的责任，力求使个人兴趣与社会责任相契合。一旦出现矛盾与冲突，须以自己应负的社会责任要求自己，调整自己的兴趣，这样便会知道下一步如何去做，便能在工作之中脱颖而出。

卡耐基说，在商业之中，每个人都要有义务、良心与责任。这也就是说，要对社会负责、对集体负责、对家庭负责和对自己负责，这样才能抓住别人难以得到的机会。而人生的价值需要通过实践得以实现，实践会将理想变为现实。在这个过程中会有很多机会，卡耐基则强调说，要抓住每一次机会。因为每一次机会都来之不易，如果错失的话，就可能一辈子再也遇不到了。

抓住各种机会，实现人生价值，这是对社会的最大贡献。社会需要这样的人才，然而这样的人才却是少数。在卡耐基看来，各个方面都突出的人少之又少，但某一方面突出的人却很多。卡耐基强调，要善于依据自己的能力和条件，选择恰当的职业和人生路程。要有自知之明，要量力而行。在自己的专长上，应扬长避短走出一条自己的路。从这个方面来说，应在尊重客观的基础上，实现自我价值。可是，每个人都会被个人主义所左右，就难免给自己的前程抹一把黑。每个人都想按照自己的意愿去办事，但这种我行我素，如果不约法三章，会很容易把自己的路给走绝的。这是卡耐基不认可的，人不可以过于主观，不然会失去一定的导向。就像是一个小船在大海之中，如果没有一定的指引与风向的话，这个小船就会偏离固定的方向，最终驶入深渊。卡耐基建议，想获得好的机遇需要努力，但不能完全按照自己的意愿去办事。毕竟现代社会是个十分注意合作的社会，尤其是对于商业人士来说，这一点有必要明确，不然在未来的某一天你将会一败涂地，并且难以东山再起。

卡耐基一再对学员们与世人强调，机会是均等的也是神奇的，关键在于我们如何去把握。要抓住每一次难能可贵的机会，一次机会说不定就会改变你的命运。特别是在商业往来之中，机遇可以成就一个企业，也可以毁灭一个企业。这机遇需要人琢磨，我们不得不去深思。古人也说：机遇只垂青于那些早有准备的人。我们便要在获取机遇之前去准备了。来看一则故事：

英国著名科学家法拉第是世界上最伟大的物理学家与化学家之一。他出身贫寒，12岁上街卖报，13岁起在钉书店当了8年的学徒。他酷爱读书，认真钻研了有关电学的学术，还尽可能运用条件作点小实验，尽管如此，可若不是碰巧英国著名学者戴维到那里做学术讲演，若不是法拉第想尽办法弄到两张入场券，或许他们就不会认识，法拉第也就不会得到戴维的赏识。正是因为这种特殊的机会，在戴维的引荐下，法拉第才能在皇家学会实验室当上助手，走上了新的学习与研究之路。

再看一则故事：

进化论的创始人达尔文也是善于捕捉机会的人。

1831年，海军勘探船"贝格尔"号要作环球旅行，想要一位自然科学家随行。达尔文看出这是进行生物考察的大好时机，立刻表示愿去，可却遭到了父亲的强烈反对，最后他经过不懈的努力，得到舅父的赞助，才达到目标。很难想象，要达尔文是失去这次机会，《物种起源》这部巨著可能就永远不会问世了。

在现代社会之中，机遇的捕捉显得越来越重要，卡耐基曾讲过这样的一个故事：

琼斯是一个农民的女儿，还没上高中就不得不到旧金山做了保姆。对于保姆来说，每天的工作只是擦擦地板，做做饭，洗衣服，干家务。可琼斯却是一个十分喜爱学习的女孩，她不愿意就这么平庸。她想在商业上成为一个交际名流，就广泛涉猎有关商业的知识。由于她就职的家庭是一个商业世家，一有机会她就与雇主探讨商业问题，很快琼斯就学到了实用的商业本领。后来，她通过不断的奋斗终于成为了一位女强人，在社交场合上很受欢迎。

如果琼斯不去抓住机会，纵使她有商业上的愿望，到最后也可能是空中楼阁。卡耐基在讲完这个故事时说，机会无处不在，就看你能否抓住。

而许多人常常抱怨没有机会，他们之所以失败，就是因为他们不能抓住机会，结果机会被别人捷足先登了，他们只会在一旁懊恼。这些人也往往会说命运不公，认为机会和他们无缘，但与其怨天尤人，莫不如仔细地去留意机会，这样说不定就会获得转机。

卡耐基十分赞赏马其顿国王亚历山大大帝，有一次，亚历山大大帝打赢了一次战役，有个士兵问他："咱们这次胜利，是偶然的机会吧！"亚历山大大帝恼怒地说："这是我准备好久的机会，怎么能说是偶然的?"可见机会不少，但能制造机会的人却不多。

卡耐基要告诫那些眼高手低的人，他们想一夜成名，想一夜抓住一个机会从地狱到天堂，想一下子得到一个机会而一劳永逸，一旦这样想，他们就会错失更美好的机遇。机遇是每时每刻都存在的，如果不去细细地留意而裹足不前的话，最终只会一败涂地。

卡耐基认为那些能很好地运用机会的人是神圣的人，他们会在绝望之中看到希望，即使失败过，也会在某一天东山再起。这些能够抓住每一次机会、善于利用机会的人并不会好高骛远，他们会明白"天下事，必作于细；合抱之木，生于毫末；九层之台，起于垒土"这个道理，会一砖一木、一步一个脚印最终走出一条康庄大道。卡耐基想告诫那些希望商业有成的人，机遇会成为一个人的捷径，会让一个人发挥出最大的潜能。机遇会激发一个人的正能量，能捕捉到机遇的人，就能在尔虞我诈的商场之中更好地为人处世，不至于被淘汰。卡耐基还说，人最难得的是把握住每一次机会，特别是在激烈的市场竞争之下。一个机会便可以成就一个人的人生，这种机会难能可贵，我们要很好地留意机会并抓住它，才会经营出一个美好的未来。

第二节　增强创新的意识

卡耐基说，在商业往来之中，人们热衷的功成名就其实并不是最重要的，这也不是照亮人内心世界的唯一来源，其中关键的在于活得潇洒、自我实现。在面对这些想要有所成就的人时，卡耐基进一步解释：要表现得比别人出色，要敢于改变自己去尝试新鲜的事物，这样才能比别人更能干、更突出。如若有害怕的心态，前进的道路越就会走越窄，就难以获得成功。世界上比我们有能力的大有人在，卡耐基常常会对学员们说，见过马拉多纳踢球的人，还会想一身臭汗地在足球队里跑吗？听过帕瓦罗蒂歌声的人，还会想修炼美声唱腔吗？读过莎士比亚《哈姆雷特》的人，还能写出更优秀的作品吗？为什么会这样呢？为什么总担心超越不了某些优秀的人物？卡耐基借用了俄国作家契诃夫的一句话"有大狗，也有小狗。小狗不该由于大狗的存在而心慌意乱，一切的狗都应当叫，那么就使它们各自用自己的声音叫好了。"这也就是说，每个人都有属于自己的声音，只要很好地发挥自己潜在的创造力，就会与众不同。而这与众不同要把美好与发展定为目标，不要去在乎别人的评价，才能走出属于自己的一条道路。在商业之中，与众不同才会受人关注。

卡耐基说，求知欲与求新欲是十分重要的，这同时也是一些人成功的关键所在。在美国作家阿龙所著的《宽容》一书里有这样一句话："在无知的山谷里，人们过着幸福的生活。"他用生动的笔法展示了人们拥有一定的社会环境和生活习惯的时候，就会产生思维的惰性与惯性。一方面人们会容易知足，另一方面人们会不思进取，结果就形成了一种封闭的通病。这样难免会把自己蜷缩在龟壳里，从此不会有任何突破。

因此，商业上必须要求创新，才能比别人走得更远。

美国皮鞋大王诺宾·维勒说："我成功理财的秘诀很简单，那就是永远做一个不走寻常路的创新叛逆者。"正是由于他的不走寻常路，才使得他从一个鞋匠到皮鞋大王，获得了巨大的成功。他还认为，通常的"阳光大道"聪明的商人一般不会走，而是去走"独木桥"。要知道，这些"阳关大道"有时并不好走，甚至还会摔倒或被挤出队伍的危险。"独木桥"虽然狭窄，但由于是自己一个人走，所以难度大大降低。卡耐基认为，有钱人总会让创新思维注入自己的大脑中，走"非常道"，理"非常财"。但这并不是让我们非得辞职、跳槽、改行，而是要另辟蹊径，走出一条属于自己的道路。

每个人都应该有属于自己的声音，这在商战之中是必需的。想想商业竞争激烈，如果没有自己的独特之处，势必会被淘汰。卡耐基认为，想要创新就要消除害怕失败的心理，不要把结果看得过于重要，要想着努力了就会有回报、不努力就不会有回报的道理，而无论最终的结果如何，只要我们努力了就不要后悔，拥有这样的一种心态，生活才会变得充实而有价值。

卡耐基曾提到过他的一个老朋友卡罗琳·赫巴德女士，卡罗琳·赫巴德已将近六十岁了，她是一位朴实端庄的美国女人。她的言谈举止大方得体，在与别人交谈时她常常带着微笑。她是一个著名的物理学家，同时也是四个孩子的母亲。她会经常到世界各地参加各种抢险救灾、拯救生命的活动。她创建了"美国救灾行动队"。1988年12月，亚美尼亚发生了大地震，公寓大楼、工厂、住宅、学校等瞬间被夷为平地，当时死亡人数超过了五万。当听到这个消息之后，卡罗琳·赫巴德就登上飞机飞到了亚美尼亚。她与救援队在零度以下的严寒里，寻找有生命希望的人。有一次，当他们在一座坍塌的楼房里什么都没有发现，正准备离开时，卡罗琳·赫巴德忽然听到一个小女孩的声音。大家循着声音去寻找，终于在残垣深处找到了一个小女孩，小女孩的兄弟姐妹都被砸死了，只有她在五天后奇迹般地活了下来。卡罗琳·赫巴德参与的营救活动不计其数。她曾到过地震后的萨尔瓦多与菲律宾，去过巴拿马的密林里搜寻生存者，在纽约与田纳西找寻因桥梁折断而受难的人，到过遭受飓风袭击后的南卡罗来纳州，去过飞机、火车失事现场与火灾水灾现场，搜找救援过走失的孩子、失踪的猎人与溺水者……她对卡耐基说："这20多年的收获与体验是，我没有过着平常的生活，我从一次次的拯救活动中尝到了生活的新意。"

卡耐基大为赞赏这位有爱心的朋友，人能活得有新意是一种满足也是一种自豪。我们不能只是强调舍己为人的精神，有必要多品味生活，活出新鲜。我们也不要过分在乎成绩的高低，失败乃兵家常事，只要自己自信、自爱，这一辈子也会活得富有情趣。我们要敢于去发现"新大陆"，要有求变创新的能力，才能像哥伦布一样，发挥最大的力量发展更多、更新的事物。

卡耐基认为，在商业战场上，经营者要努力实现自我，并走出自己的道路。要用自己的双手去创造出自己的幸福，在追求幸福的过程中，由于人们的奋斗方法、途径与程度不同，也就有了不一样的幸福。如果你付出艰辛的劳动，那么就能获得深远的幸福，如果你只是追求安逸，那么你只是缔造了小的幸福。卡耐基十分赞赏他崇拜的德国文学家歌德，歌德的一生基本上都是在努力工作，就仿佛他一直在推一块石头上山，石头滚下来接着又推上去。最终，歌德以毕生的辛劳，创造了宏伟的事业，获得了自身存在的充实与幸福。

文学家屠格涅夫说："你要想成为幸福的人，必须要学会吃苦；而享受幸福，就应该先创造幸福。"只有脚踏实地地创造，才会在辛劳之中获得甘甜。就像是蜜蜂，只有飞了万里路程，才能采回更甘甜的蜜。这里创新很重要，创新与辛勤地付出是联系在一起的。爱迪生要不是艰苦劳作，就不会发明电灯泡，人们就会被困在黑暗里；诺贝尔要不是冒着生命危险，成功地研制了炸药，人们就不会享受到安全所带来的便利。所有科学家都是脚踏实地的付出，才能给人们带来有价值的发明。

这些发明会让人们过上幸福、愉悦的生活，可见创新的必要性。而世界上的万事万物都在不停地变化、发展，没有绝对的静止，这是唯物学家所认同的。人们要想活得幸福，就应该有创造精神。创造活动是人类社会发展的福音，会给人类注入新鲜的活力。

提到创新，有的人认为只有极少数的人才能办到，实际上创新有大有小，每个人都可以做到。现今社会，创新已不再是科学家、发明家的特权，它已经深入到普通人的生活。每个人都可以进行创造性的活动，这样人们为了达到新的目的不停地生产，从而创造出财富与价值。

说了这么多，还没有指出创新是怎么一回事。所谓创新，是指首创前所没有的事物，"创者，始造之也。"创造过程的根本是建立某种新事物，而不是原来某种事物的再现。也就是说，创造性就是非重复性，创造意味着发觉、发明、革新，它标志着突破与前进。创造性是人的自觉能动性的最高表现形式，是人的根本属性的体现。人的意识不但反映客观世界，并且创造客观世界。在世上的所有生物中，只有人的活动是积极的、创新性的活动，人是社会活动的主体，是一种创造着历史的主体。在世界上，除了人以外的其他生物都必定按照自然界给定的范围规划生活，只有人能够突破这种范围。人作为自然界的主人，为了不断满足自身的需求，不仅按照万物直接的自然效果来加以利用自然，而且常常改变它的天赋形式，创造出各种新的事物。人的这种能动的创新性，是一种伟大的正能量。自人类出现以来，作为人类活动对象的自然世界发生了巨大变化，自然世界早已不再是亘古不变的洪荒世界，而是以人作为主体的世代创新的结果——"人化"的世界，它到处打下了人类意志的烙印。这充分体现了人类创造力的重大威力。从这个意义上说，在创新的王国里，人类作为主体是真正的国王。正如英国著名哲学家罗素所说：

"是人类创造了价值，是人类的欲望授予了价值。在这个王国里人类是国王，假设人类向自然界卑躬屈膝，人类就降低了自己国王的身份。应该由人类来决定高尚的生活，而不是让自然来决定"。人作为主体不但创造了一个人化的自然与人类社会，并且创造了主体自身，创造了人本身。

正是凭借自己的创新活动，人把自己和动物区分开了。也正是根据自己的创造活动，人类成为了"万物之灵"。在这些方面上，卡耐基说，人作为主体的最根本的特点就是创新性，最关键的能力就是创造能力。可见，大凡伟大的科学家、思想家、艺术家、作家，都是在各自的领域为人类做出了卓越的创造性贡献。卡耐基也说，这种重要的贡献，除了大人物可以创造之外，普通的群众也会带来意外的惊喜。而创造与幸福有什么关系呢？创造是力量、自由和幸福的源泉。苏联教育家苏霍姆林斯基说，创新是生活的最大乐趣，幸福孕育于创新之中，他在《给儿子的信》中写了这样的话："什么是生活的最大乐趣呢？我现在发现这种乐趣源于生活的创造性活动，富于高超的技艺之中。一个人要热爱自己所从事的劳动，就会让这种幸福富有创造力的美好。"这深刻揭示了创新与幸福的内在联系，也说明了创新是取得幸福的根本。人们只有满足了旧的需求，又不断适应新的发展需要，才能实现更高层次的幸福生活。这是卡耐基一直认同的，要想过上更高层次的生活，创新是必不可少的。人活在世上，会要求发展，这种要求会激发人们改造自然和社会的实践能力。人要发挥出内在的正能量，才能拥有一片生机勃勃的未来。

我们知道，人类的需求和其他生物的需求是不同的，其带有鲜明的社会性。人类的需求不再是单纯的生理需求，而是社会化的生理需求，但动物的那些需求是天生的，是建立在肉体机能上的。因而人类要用自己的行为来改变世界，要满足不同层次的需求。

人的需求是多方面的，有娱乐与休息的需求，有劳动与工作的需求，有发展创造的需要，有生理物质的需求。总的来说，人的这些需求大概可分为三个层次：

第一个层次是人的生存的需求。这是维持人类生命与繁衍种族的需求，是人类最基本的需求。

第二个层次是享受的需求。这是提高人的生活质量的需求，不仅让人能够活下去，而且要活得舒适、惬意。这种享受需求是人在生存需求得到十分稳定的满足的基础上逐步发展起来的。既然人有进行创造性活动的力量，当然不能满足于动物式的生存需求。人的享受的需求离不开社会的物质、文化发展的水平，不会超越客观条件所允许的范畴。如果脱离现实提前消费的话，就会盲目地追求高消费，不但会造成家庭的经济负担，而且会带来不良的生产破坏力。这些需求通常会与商业有关，积极的、合理的需求才能够促进生产。而在人享受需求中，不能只注重物质的需求，还要注重精神方面上的需求。马克思认为，需求观并不止是重视物质需求，还要解决物质需求与精神需求的结合问题。唯物主义者认为，依据历史的发展来说，物质需求是关键的，因为人类需要衣食住行等物质的需求，但从发展的趋势定论，人的精神需求越来越重要，特别是在物质需求满足的情况下，越来越多的人开始追求自身精神需求的满足。毛泽东曾说，人总是要有一点精神的。那么，人就不仅要追求物质上的幸福，还要追求精神上的幸福。这样才不是一个商业价值的牺牲品，才是一个人格与品行上的完全胜利。

第三个层次是人的发展的需求。人类社会在不停地发展着，为了适应这种需求，就要不停地创新与之相适应。卡耐基说，人不但是享受的动物，更是创新性的动物。这种创新会在满足人的低层次的需求上，让人过上更有品位的现代人的生活。

卡耐基便在此提到了美国现代人文主义心理学家马斯洛，他把人的需求从低级到高级分为五个层次，即：生理需求、安全需求、社交需求、尊重需求、自我实现的需求。马斯洛说，自我实现的需求是人的最高层次的需求，它包括针对于真善美至高人生境界获得的需求。随着人类社会的发展，自我实现的需求可以看做是一个终极目的的需求。人们会通过发挥自己的创造力来实现自我。可以知道，画家会乐于绘画，作家会勤于写作，技术工人会努力攻克技术难关，科学家会潜心钻研……他们只有在满足自我实现的需求的过程中不断创新，才不会感觉到精神空虚，才不会认为自己是在虚度岁月。卡耐基说，人的需求的无限性与广泛性是区别于其他所有动物的。动物的需求是受肌体与自然限制的，人的需求却是多姿多彩的。正是由于这种创造性的需求，让人的需求越来越高雅化、优质化、丰富化。卡耐基还说，随着需求的不断发展，人类会不停产生新的需求，而这些新的需求则会推动人的创新水平达到新的高度。因此，人们只有不断地适应这种需求的变化，才不会被时代淘汰。

每个商业人士都不想被淘汰，这也是卡耐基所不愿意看到的，卡耐基认为，商人要想立于不败之地，就必须提高自己的创新能力，只有这样才有可能成为行业中的佼佼者。

发挥创新意识是开发思维的潜在活动。这种创新思维的开发不仅强调要有独创性，而且强调使其发挥重大的作用。有些创新只是简单的创新，虽然会带来一些改变，但难以给人类发展进程带来重大的影响，尤其是在商业越来越繁荣发展的今天，如果我们在创新方面不能带来大突破的话，我们就会被历史淘汰。而有些创新虽然现在看起来并不起眼，但说不定在将来的某一天就会带来重大的突破。这也是卡耐基想提醒那些想在商业上有所成就的人，一个人应该不停地创新，即便现在创新行为所带来的效果并不大，但增强创新的意识，无疑会在将来为我们带来更大的促进效果。

在这些方面上，我们就不能固守前人的思想与观念了，只有找出新的解决问题的对策，才能更好地用新的理论来赢得突破、取得进展。

增强创新意识正在逐渐得到人们的重视，事实上很多时候我们失败的根源就在于缺乏创新。而这种创新是要经过长期的观察与探索才能获得的，否则就难免会出现失败，但即使失败了，我们也应继续尝试，卡耐基提醒我们，如果在失败几次后就放弃的话，那么就会与创新无缘。成功贵在坚持，一切的创新也寓于坚持之中，只有坚持，创新才会得到有价值的实现。

我们不能三天打鱼两天晒网，要想创新就需要经历一个长期的素质积累与智力的磨炼。每个人都应该接受创新的挑战，这样才能启迪你的思维，激发你的正能量，让你人生焕发出光彩。

卡耐基很不喜欢那些思想僵化、墨守成规的人，尤其是在商战之中，每一场对决就如战场，不会创新，不懂得更新旧有的观念，就会输得很惨。卡耐基经常告诫那些满足于现状的人，要是满足于现状的话只会沦为平庸，人有必要过有意义的生活，只有创新才会带来这些改变。

创新具有某些特征，卡耐基在此提出了两点：第一是创新的灵活性。创新伴随着大量的灵活性，会因时、因人、因事而异。每个人都会具备一定的创新意识，这些创新意识是每个人都拥有的灵活多变的思维活动。第二是创新的风险性。创新在于突破，不去重复旧有的经验。因为经验可以借鉴，但不可生搬硬套。由于这是一种前所未有的探索，便会有一定的风险性，结果可能会得出错误的结论。创新即便是不成功的，但给我们一个少走弯路的经验教训。

创新也有缺点，它的缺点是不能为人们提供新的启发。由于创新是独一无二的，这就更需要我们灵活地运用自己的思维与头脑，从中很好地找到新的办法，提高自己的认知能力。

创新会丰富我们的大脑，我们创新的经历越多，就会变得越聪明。每个人都需要新的观念做支撑，不然会变得没有生机，就像行尸走肉一样。这是卡耐基告诫我们的，不论你是什么人，在什么地方，都应该去创新。创新会给你带来新的能力，使你不至于停滞或倒退。

每一件事情，尤其是那些大的变革，都是建立在创新之上的。只有勇于探索，才能成为时代的楷模。

而创新之所以重要，在于它有一个先后的顺序，第一个发现某件事物的人是伟大的，第二个发现这件事物的人就是平庸的了。还记得有这样一句古话，第一个吃西红柿的人是伟人，第二个吃西红柿的人是俗人。这句话说得一针见血，也就是让我们在创新的过程中要勇当第一，不然就会沦为二流，就不是创新了。

每个人都应该争做第一，第一个创新的人才会被人们认可，这体现了创新的必要性和局限性。而且创新的速度太慢就会被别人淘汰。因此，很多人会因为第一受到尊崇，接下来的第二个、第三个，第千千万万个就显得很平庸。

你想过什么样的生活呢？每个人都不想在人海之中沦为平庸，这就需要你努力成为行业里的第一名。增强创新的意识会有助于你达成这一愿望，即便你不可能在你想要的行业里一举夺魁，但你增强了创新的意识，说不定在其他的行业里就会出人头地。其实，这创新并不是必然的，很多时候是偶然的，正是因为这一次次偶然的发生，才推动着历史前进的车轮。

固然我们难以成为举足轻重改变历史的人物，但创新的精神不可或缺，说不定我们现在很平凡，偏偏就是因为某次创新让我们成了名人、伟人。创新并不是某些聪明人的权利，这是卡耐基一再强调的，创新会公平地对待每一个人。即便是"傻子"、"懒汉"，但不得不承认的是，创新也会很好地与他打交道，创新偏爱于那些有所准备的人。

我们不能自暴自弃，要寄希望于未来，这样就会在无形之中与创新握手，让自己成为一个幸运的人。

我们常常会因为创新被视为时代的弄潮儿、幸运的人物，的确，创新会给我们带来好运，因为每个人都喜欢那些有创造能力的人。在现代职场之中，没有一个老板喜欢因循守旧的员工。要知道现在的社会竞争日趋激烈，要想不被无情地淘汰，必须要具有创新的能力。或许一个小小的创新便可能带来奇迹。

任何时候增强创新的意识都为时不晚。只要我们去学习，去留意，人生就会因创新而变得丰富多彩。我们不应把希望寄托于别人的帮助。卡耐基说，我们不能靠神仙与救世主，上帝是给了我们生命，但不会给我们想要的一切，只有创新才会把命运掌握在自己手里。

成功的商人会在这一点上做得恰到好处，如果面对一次失败就一蹶不振，那么很难想象他们将怎样度过接下来的日子。

这样，当你商业上失利之时，就应该想想如何去创新、改变。每个人都会有东山再起的机会，这在于韬光养晦的创新之中。

创新贵在付出，我们不可以期望一觉醒来就会有大的发现。创新在于务实，好的创新在于从实际生活中出发，创新来源于生活却超脱于生活。

卡耐基便经常会对年轻的人说，有理想是值得赞扬的，但不能人云亦云、亦步亦趋，要很好地去努力、着眼于当下，这样才不会一事无成。

卡耐基说到这里，便想起了唯一性，年轻人只有活出与众不同的自我，才可能成为这个时代的佼佼者。

说到唯一，很容易让人联想到吉尼斯出版公司，吉尼斯出版公司每年的营业额高达上千万美元，他们的编委坚持一条原则：必须第一！唯一！超乎平常的技艺。他们抓住了人类争强好胜的天性，去刷新所有的记录，结果创下了版权发行史上的最高纪录，这也是一项吉尼斯的世界纪录。

创新的力量不容小觑，在任何行业都需要创新，不然就会落后于人。谁想被别人甩在身后呢？创新可以帮助我们构建起通往成功的桥梁。不必要求我们总是活在创新之中，但具备这种创新意识是十分必要的。创新在于意识之中开花结果，说不定我们现在努力想创新，但偏偏是搜肠刮肚还一无所获，只要我们怀有这种意识，说不定在不经意间就会碰撞出创新的思想火花了。

创新是这么地让人捉摸不透，它可能会伴随我们整个人生，也可能会与我们擦肩而过。要不然，也不会有的人因为创新带来了改变，有的人却一生一世也没有一丝创新，结果混混沌沌地来又混混沌沌地去。

卡耐基曾讲过在纽约华尔街打扮窈窕的"导购小姐"的故事：

由于这里大部分是中国商家，中国的售货员一般显得比较拘谨，对于美国这个开放的社会来说，其更需要那些性格开朗、奔放的女性做售货员。有一个导购小姐就打破了中国这种女性传统的价值观，结果赢得了更多人的赞赏，她所推销的产品也销售一空。

正是因为这位导购小姐敢于突破传统，她才能获得骄人的销售业绩。在商场上最忌讳的就是墨守成规，不知道改变。一个人有必要开动脑筋，在所经营的事业上下功夫。一个小小的创新，就可能让你财源滚滚。

卡耐基又说到了在华尔街的另一个故事：

罗斯从中国进口了四十万高质量的织缎手帕，可是在美国却无销售量，罗斯就深入消费者，让他们明白这种手帕的效果，说这种手帕除了有揩汗、擦手等功能外，它还能和西服进行搭配，具有美化衣着仪表的作用。接着，罗斯命员工们在这些手帕上印上了吉祥的图案，且使用印有"西装手帕"字样的透明塑料口袋包装。这样一创新，四十万手帕瞬间赢得了顾客的青睐，转眼间销售一空。

这便是用创新开拓市场的观念。

还有一个人，他到南美洲的一个部落去推销鞋子，结果发现这里的人都没有穿鞋子，只好闷闷不乐地回去了。不久之后，另一个人也来到这片土地上推销鞋子，发现这里的人没穿鞋子正好意味着这里是一个潜力巨大的市场，便四处宣传穿鞋子的好处，结果大赚了一笔。

说到这里，卡耐基便很提倡"有名字的石头能卖钱"的故事：有一个美国的青年想经商，但是接连地遭遇挫折。在他一败涂地之时，他来到了一片空旷的山地，准备了却残生。但是他却看到在夕阳的映衬下，不远处的山脉上隐隐约约有几行字，这个青年以为这是上天的启迪，便放弃了轻生的念头，想过去看个明白。当青年走到那片山脉时，发现上面什么字也没有，只是夕阳的映射罢了。但偏偏就在这一瞬间，青年产生了一个念头，如果在石头表面写上字出售的话，岂不可以大赚一笔。于是，青年把石头雕刻成了各种艺术品，并且都写上了富于寓意的文字。结果这些石头的价值大为增加，没过几年，这位青年就成为了千万富翁。

卡耐基说到此，深呼吸了一口气，说："包装能带来巨大的作用，可这些有字的石头也是创新啊！"

对于想经商的人来说，创新会给你带来物质上的财富。创新会让你的商品更具有竞争力，能在琳琅满目的商品之中更吸引顾客的注意，从而顾客会乐意地为你的商品掏钱，你也就是一个成功的商人了。

创新是广告所不能企及的，创新会注入一脉新鲜的活力，让你的企业越来越发展壮大。

第三节　提高心理素质

卡耐基认为，自信主动的人容易取得成功。自信主动意识能让人重视、发挥主体性和能动性，但是自信主动意识不可以孤立地存在。卡耐基说，就心理态度来说，成功心理的整体结构有三个因素，即：积极的自我意识、明确的价值观念、良好的自我状况。如果想要更好地认识心理机制，还需要了解四个因素，即：求美创新的吸引意识、有效交流的反馈意识、双方皆赢的互利意识、求同存异的容纳意识。在这些之中，自信主动意识即积极的自我意识便成为了成功心态、积极心态的根本与核心。

卡耐基说，一个商人要具有正确的价值观念，而价值观念与自我意识是紧密相连、相互制约的。一个具有良好素质的从商者必须拥有正确的价值观念。现代社会人生的价值观念是多元化的，如果某个人认为"发财致富"最关键，你就有必要让他去争取事业上的成功。没有事业的人就难以谈得上有成就。人们会因为自己在事业上的成就拥有合理的价值观念。

这样就不能歧视、否定某些人了，无论老弱病残都要予以去尊重。这是卡耐基所赞同的，他指出各种劳动者之间并没有贵贱之分，有的只是平等的竞争。明白了这些，就不要在乎自己的身份，就能取得很好的成就了。

卡耐基认为，很多人的价值观念不是不正确，只是不明确，这大多是因为意识观念的淡薄造成的。如果一个人没有明确的价值观念，就难以树立正确的心态。

这是提高心理素质的关键，一个经商者应该具备良好的心理素质，这样能在风云变幻的商战中获得最后的胜利。卡耐基曾讲过杰克农场的故事：

杰克是一个年轻的养殖户，他养了很多猪，眼看这些猪就要能投放到市场，谁知一次突如其来的瘟疫让这些猪都死掉了。杰克这些年的愿望都化成了泡影，然而杰克必须接受现实。

在经过一段时间后，他又重新养起了猪，并且注意猪的安全与健康问题。这一次，杰克在卖这一批猪时，终于大赚了一笔。

要是杰克没有良好的心理素质，在第一次失败后就放弃希望，那么他就不会有第二次的成功了。

因此，卡耐基说，人们应该承受失败的打击，尤其是那些经商者，并不可能一开始就大赚一笔，在亏损的时候，应该具备良好的心理素质。人不应该被暂时的困难所打倒，这是成就一个人的标准。那些因为第一次失败就丧失信心的人，结果往往很难有乐观的未来。

人们心理素质的强弱体现在方方面面，尤其是在这个压力越来越大的社会里，有的人犯了过错就会感到心理不平衡。所有这些都是价值观念不明确造成的不良好的心态。

卡耐基说，要增强自身的心理素质，就需要保持良好的自我状态，如果能够保持一种奋发向上、朝气蓬勃的精神状态，那么就具备了良好心理素质的基础。

这里，就要注意到一种现象：人的非理性成分很大，很多时候，人的言行是靠一种感觉、一种情绪来支持的。当人的理性和非理性支持不平衡时，人就会感情用事，结果往往会白白地发脾气还无效果，这便是心理素质差所造成的。

卡耐基建议，要控制不良情绪的干扰，尤其是失望、苦闷、愤怒、顾虑等。一个有良好心理素质的商人不能斤斤计较、患得患失，必须铲除不良情绪的跟随，不让那些不良的情绪腐蚀灵魂、压抑活力。

当遇到不公、事情不顺时，不要让你的情绪爆发。一个人控制不了自己的情绪，会做出令自己后悔的事。这就是说钱亏了还会再赚来，现在失利了还会再盈利。没有永远的失败，人应该在跌入低谷时保持冷静，这样才能寻找到解决问题的对策。

在克制住不良情绪的同时，也可以让它转化为积极的情绪，从而使心理素质得到提高，这样一来，心态也越来越阳光。

人有必要拥有良好的心态，阳光心态会有助于提高抗挫折的能力。卡耐基也说，如果一个人每天都想到好的事情，那么他就会快乐起来。的确，心往好处想就会往好处发展，这就需要我们拥有阳光的心态了。在坎坷的道路上心态阳光，会正视一切打击与磨难。当然，由于这一份心态，你也会获得奇迹性的转变，在危急中见到希望。

卡耐基认识的一个朋友戴丝，她做的服装生意本来是一直赚钱的，但在一次合作中，由于戴丝的疏忽，结果要赔偿对方上千万美元。这样戴丝变得一穷二白了，她几乎陷入了人生与事业的低谷。但在听了卡耐基的建议之后，戴丝决定要重新振作起来。于是她重操旧业，依然做服装生意，当有人问戴丝为什么那么放得下时，戴丝说既然已经过去了，就让过去的失败永远过去吧。人们可以看到戴丝很自由地和他人说笑，很快乐地上街购物。

卡耐基认为，心态阳光会让人放下一些负面的影响。就没有必要总沉浸在过去的痛苦中了，有必要向前看。拥有这种正能量，人生才会更为乐观。

心态放平对人的心理素质的提高至关重要，另外，拥有很高的追求也会让人的素质提高。

卡耐基认为，一个人如果有高目标的追求，即使遇到了艰难坎坷，也会站立起来积极地前往。这个高目标的追求就像是一个指明灯，会指引人们正确的方向，即便中途有可能迷路，但有这个指南针，最终一定会走向正确的方向。

卡耐基告诫那些想盈利的人们，如果遭遇一时的亏本，就要想想未来更可观的收入。这样一来，人们就会因为高目标的要求，走出这一段时期的低谷。

有一次，卡特的家里失火了，把他存留下来的用来建构房屋的木柴都烧光了。当然，卡特感到心灰意懒。但他后来发现那些被烧焦的木柴是碳木，可以更好地防风护雨。卡特便把那些烧焦的碳木卖给了当地的一个电厂，因为电厂需要那些碳木制作电线杆子。这样，卡特不但没有损失，还大赚了一笔。

当失利的时候，你要想到更美好的事情。这会增强你的心理素质，并使你不会被眼前的不快打倒。

卡耐基十分欣赏心理素质高的人。有一次，卡耐基的朋友打来电话，说家中被盗了，卡耐基淡定了一下，说："你现在着急吗，报警了吗?"谁知，那位朋友说："我现在感觉很庆幸，因为首先小偷偷走的不是我重要的东西；其次，做小偷的不是我；再次，这件事使我提高了警惕，以后我会更加注意加强安全防盗措施。"

这位朋友有这样的想法，可见他具备很强的心理素质。而大部分的人都是内心脆弱的，在一次失利之后就丧失了全都信心，结果这样只会毁了自己。卡耐基曾经读到这样的一个故事：有一个女孩用两元钱买了一张彩票，结果中了一辆轿车。但是，几天后，这辆轿车被人偷走了。为此，这个女孩整日以泪洗面。后来她的一个朋友告诉她，她丢的只是两元钱，何必为两元钱的丢失而伤心落泪呢? 女孩细想也是，就慢慢地走出了这一段低谷。

其实，有时候我们看起来损失了很多，但说不定只是芝麻粒大的小事。没有必要在失去后一直懊悔，因为人不会一直地失去，况且有失才会有得。卡耐基在教导学员们时曾说到中国的一个故事，这个故事叫做"塞翁失马"：

在靠近长城一带居住的人中，有位擅长推测吉凶、掌握术数的老人。有一天，他的马跑丢了，别人过来安慰他，老人却说："马跑丢了不一定是一件坏事啊?"果然，不久后，他的马带着大批胡人的良马回来了。人们都过来向他道贺，老人却说："这并不一定是一件好事!"果然，他的儿子爱好骑马，被马摔下来摔断了腿。这时人们都过来安慰老人，老人又说："这并不一定是一件坏事!"一年后，胡人大举入侵边塞，青壮年的男子都被抓去当兵了，结果大部分人都死在了战场上，只有老人拐腿的儿子幸免于难。

卡耐基因此说，事物的福和祸在一定条件下可以互相转化，要以辩证的态度去看待，并不是失去了就永远失去了。

这样不为失去而悔恨，才会更好地获得意料之外的收获。

卡耐基总是在对人们说，要生意兴隆、发财致富，就有必要提高自身的心理素质。人会因为心理素质的增强变得越来越睿智，那些有一点风吹草动就乱了阵脚的人，只会把主动权交给别人。尤其是在现代商业往来之中，各种对决的成败往往取决于心理素质的高低。如果心理素质差，就会被对手乘虚而入，把你击败。那些大凡有所成就的大商人，都是很稳重的。因为他们经历了风风雨雨，终于明白了一个道理，无论何时都要淡定，都要以一颗淡定的心从容不迫地去处理问题。

说到淡定，卡耐基在为人处世上是很有这一分寸的。卡耐基不会动不动就发火，在遇到焦急的事情的时候会冷静下来，这样才会找到更好的解决对策。

卡耐基认为那些从容不迫的人思想会非常敏锐，他们会等待恰当的时机表现自我。就像有些人总渴望成功，但如果按捺不住性子，则会欲速而不达，还白白浪费了时间和精力，如果耐心地等待，该来的终会来，不该来的强求也没有用。卡耐基曾再三强调这种心理素质，希望人们遇事时不要烦躁不安。

卡耐基也认为，人的心理素质与其个性有关。的确，每个人都有稳定的个性特点，但"江山易改，本性难移"，很多人当对外界环境感到不适时，就难以表现良好的素养了。我们要尽可能地按捺这一性情，要不骄不躁，这是一个人成功的关键。

个性是受环境和教育等影响的，我们每个人也会在后天去培养自己的个性。良好的个性体现在积极的行为上，不好的个性则表现在消极的行为上。人的个性是可以改变的，只是改变起来困难罢了。下面让我们看看人的个性是如何形成的：

美国专家曾对一对孪生姐妹进行过调查，这对双胞胎姐妹外貌相似，也就是说她们先天的遗传素质一样，他们的家庭生活和教育环境也是相同的，但是这姐妹俩在性格上却慢慢地显示出不同的特点。姐姐善于说话和交际，自信主动，果断勇敢；可妹妹则反之，缺少独立自主意识，说话办事总是跟从姐姐。当专家找她们俩谈话时，总是姐姐先回答问题，妹妹则大部分保持沉默。为何会出现这种状况呢？后来得出这样子的原因：父母在她俩中认定一个是姐姐，另外的是妹妹。从小到大都让姐姐照管妹妹，对妹妹的行动负责，做妹妹的榜样，带头执行长辈委派的任务。如此，姐姐就从小养成了独立、自主、善交际、果断的个性，可妹妹却养成了追从姐姐的毛病。

这证明，性格会受到教育环境的影响。对成年人来说，性格大部分取决于心理状态，也就是一个人的内在素质。一个人有良好的素质的话，就会很招人喜爱，否则的话，将给自己和他人带来麻烦。卡耐基认为"江山易改，本性难移"的说法是有道理的，一个人要想改变个性也不是很容易的，但有必要拥有良好的个性。当自己心理素质差时，有必要从改变自我意识做起，并且调整自己的价值观念、自我状态，那么就会慢慢地改变行为与习惯，使人按照期望与要求完善自己的个性。

卡耐基还说，我们要自觉更新观念，要让自己的思维意识尽最大的可能接近和符合事实，还要加强主观意识，构造属于自己的思维方式，这样才会摆正自己的位置，才能渐渐地提高心理素质。

人有必要去提高自己的心理素质，不能随大流、跟大潮，要主动地去更新自己的观念，这样才能掌控自己的情感，做生活与工作的主人。而我们所处的是一个新旧交替、良差并存的时代，在一些思想问题上，如果我们左右彷徨，只会成为别人利用的对象，只有去思考、去比较、去选择，才能走出一条属于自己的路。

在构造属于自己的思维方式的时候，我们要坚持两个方面，一个方面是坚持实践是检验真理的唯一标准，另一个方面是坚持进行"雅努斯思维"。最好能把这两者结合起来，才能够实事求是。而何谓"雅努斯思维"？就是对于直接对立、互相矛盾的思想、事物和现象同时进行认识与思考，在比较中来区分，去伪存真，除非求是，这也是一种辩证的创造性的思想。

有了这种辩证的思维，就会在对立中找到突破口，就不至于走入死胡同。

1880年，在法国的一个乡村，很多鸡得瘟疫死掉了。巴斯德和他的助手们从病鸡身上取下细菌，通过培养，给实验用的小鸡食用。小鸡吃了很快死去。巴斯德断定：鸡肠是这种细菌繁殖的位置，鸡粪是传染的媒介。可是在实验中，却有几只接受过菌液注射的小鸡居然没死。经查询可知，助手给这几只鸡注射的菌液，不是最新配制的，而是放置了好几个星期的，毒性很小。巴斯德通过一系列实验证明：把微毒菌液注射到健康小鸡的体内，不仅不会让小鸡得病死去，反而能取得不怕传染的免疫力。"预防接种"就由此产生，并造福于人类。巴斯德这种"既被传染又不被传染"的思维，正是"雅努斯思维"的方法。

我们就要很好地予以借鉴，尤其是不能按照书本生搬硬套，当出现了差错要有顽强的心理素质去应对，并从中找到解决的对策。我们要相信最终会成功，怀着这种饱满的自信，就能排除掉前进路上的障碍，就能剔除我们性格中怯懦的部分。

人应该坚强起来，把一些负面的因子，如忧虑、恐惧、自我谴责与自我厌恶等扼杀在摇篮里，这样内心才会强大。

每个人都偏爱于那些心理强大的人，心理强大的人会无坚不摧，会更容易在这个社会上获得生存与发展。

历史上那些有所成就的人，在遇到意外的打击时，都会坚强地站立起来。卡耐基便经常讲到威灵顿在滑铁卢打败拿破仑的故事：

拿破仑可是威风一时的法国统帅，曾经率领军队把威灵顿的军队打得溃不成军。威灵顿逃跑后，来到了一个山洞，他灰心极了。正在这时，外面下起了雨。威灵顿抬头却看到有一个蜘蛛在织网，那个网被风雨不停地吹断，蜘蛛却不停地重新织就。威灵顿看着看着，忽然受到了深刻的启迪。当风雨停了的时候，蜘蛛也把网织好了，威灵顿就走出了山洞，这时候的他不再心灰意懒，他在蜘蛛的激励下增强了心理素质。回去后重新整治军队，多年之后，他终于在滑铁卢战役中打败了不可一世的拿破仑。

卡耐基十分赞赏那些锲而不舍的人，正是因为他们具有强人的心理素质，最终才能与成功接轨。

在现代商业往来之中，我们要不断提高自身的心理素质，并要很好地在面子问题之间有一个衡量。

说到面子的问题，卡耐基又讲了一个小故事：

有一个东欧的年轻人，他的父亲去世了，留下了一大笔的财产。当这位年轻人准备继承父亲的遗产时，却遭到了伯父、叔父的反对，他们认为这个年轻人好长时间没有在父亲身边，所以不具备继承财产的资格。由于父亲并没有立下遗嘱，就被沉重的商业压力夺去了生命。这个年轻人本来是很文静的，伯父、叔父们也认为他会忍让，但令人感到意外的是，这个年轻人大发脾气，并运用起"黑脸"与"白脸"的处事手段，使得叔父与伯父不得不退让，最终，这个年轻人顺利地得到了父亲的遗产。

要是在这种情况下还顾忌自己的面子问题，难免会吃亏。卡耐基建议，该忍让的时候要忍让，不该忍让的时候有必要喊出自己的心声。

这样，才不会被别人认为是懦弱的，才是一个心理素质强的人。

说到"黑脸"与"白脸"，我们要很好地运用这一智慧。在商场上，既不能总做好人也不能总做坏人，有必要找到这两者之间的平衡，才不能让竞争对手得逞，才能更好地发挥自己的价值。

我们都知道，无奸不成商，就更需要我们在与别人的商业往来之中具有良好的心理素质。我们可能会被别人欺骗，可能会一下子人财两空。遇到了此种情况，一味地伤心、抱怨的负能量是没有用的。我们必须要坚强起来，勇敢地面对挫折。

而每个人一生中都会经历大大小小的挫折，人生不如意事也十有八九。这是卡耐基深有体会的，一个人要想在商战中立于不败之地，就必须具备这种承受失败的勇气。这也是一种良好心理素质的体现！

具有良好心理素质的人会无坚不摧，因此，我们更需要强大自己的内心，不应整天萎靡不振、毫无生气，要每天去充电，让激情与活力伴随着自己。

卡耐基尤其赞赏那些有精神的人，一个人失去了精神的养料，就有可能如酒囊饭袋一般，任人摆布和宰割。

明白了这些，就不会在困顿的时候意志消沉，就能解决层出不穷的问题。

良好的心理素质也要求我们不要钻牛角尖，要在客观的条件下提升自己的勇气与决心。

一个人有很好的应对困难的决策，才能拨开云雾，让一道阳光照射进来。

无论是失利还是顺利，一个人都应该正确地处理目前的问题。要很好地去应对，逃避是解决不了问题的。只有很好地去应对，才会使大事化小、小事化了，这样我们就不会提心吊胆地过下去。

卡耐基说，这种心理素质的增强在买卖上越来越关键了，在一开始就应该有很强的心理素质与别人交流，这样才会让别人觉得放心。如果你总是前怕虎后怕狼，谁会和你合作呢？

在商业往来之中，除了重视信誉之外，一个人的能力也至关重要，而这个人的能力往往体现在其心理素质上。你的心理素质便可以彰显你的能力有多大。要想做大事，就有必要不断地加强自己的心理素质，这是卡耐基所赞许的，也是在商业往来之中每个商人都应该具备的。

没有人会可怜弱者，正如达尔文所说：适者生存，优胜劣汰。要想在这个竞争激烈的商业社会中获胜，心理素质便越来越需要加强。你要能很好地面对各种境遇，并相信你的失败只是你成功的前提。有良好的心理素质的人，是能正视每一次失败的。你应该把失败看得淡些，失败不可怕，可怕的是失败后永远一蹶不振。

卡耐基再一次强调，要内心强大、无坚不摧，这样你才会取得骄人的成绩。卡耐基是很赞赏那些意志顽强的商人的，例如，卡耐基对石油大王洛克菲勒的心理素质大为赞赏。卡耐基曾向人们说，洛克菲勒曾经遭到一个人的诽谤，那个人怒气冲冲地找到洛克菲勒的办公室，要与洛克菲勒决斗。面对这一情况，洛克菲勒坦然地面对，任凭对方把尖锐的问题说完，洛克菲勒只是耐心地倾听着。最后那个挑衅不得不快快地回去了。

　　卡耐基很赞赏这些临危不惧的商人，卡耐基也告诉青年人，无论遇到何种情况，都要保持内心的强大，都要具有良好的心理素质，这样才能在商业战场之中立于不败之地。

　　最后，卡耐基总结道，只有心理素质强的人才能适应时代的发展，而心理素质弱的人只会被淘汰。

第五章

事业的征途

卡耐基最值得让人学习的是他在事业上的成就，卡耐基有着什么样的秘诀使自己在事业上取得如此辉煌的成就？

其实，如果有一个良好的榜样，并且去努力战胜挫折，再加上不错的宣传，你照样也会是一个事业成功的人。

第一节　把谁作为榜样

在卡耐基的一生中，有一个人对卡耐基产生了重要的影响。正是这种榜样的力量，让卡耐基这位划时代的大人物散发着光彩。卡耐基以谁为榜样呢？这个人就是鼎鼎有名的林肯。从卡耐基的事业征途中，可以看出他对林肯有着不一样的感情。林肯也像一面镜子，折射着卡耐基的方方面面。

卡耐基的童年和林肯的童年是十分相似的，所以会给人一种似曾相识的感觉。在第一章第一节中主要介绍了卡耐基的青少年时光，在本节中，我们先来看看林肯的经历。

林肯在十五岁的时候才开始识字，由于识字晚，他当时只能阅读部分文字，并没有写作的能力。1824 年，一个外地的老师来到林肯的家乡设立私塾，林肯才得以进行正规的学习。这个老师叫阿策尔·朵西，他相信只有大声地朗读才能看出一个人是否用心学习。因此，他在教室里走来走去，谁要是不读书，他就会用教鞭打这个学生一下。因此，林肯每次都会很吃力地阅读。

林肯上课的这个教室既矮又简陋，阿策尔·朵西也很难站直腰。他们阅读的教材主要是《圣经》，他们练字的模本是华盛顿与杰弗逊的笔迹，因此，林肯的字体和这两位总统的十分相似。林肯由于买不起书，就向别人借，然后用信纸抄下来，做成一本自制的书。卡耐基还听说，在林肯去世之后，他的继母的身边还保留着这样的一种书页。

林肯在上学时不仅想写出自己的观点，还经常写诗，有时候会把自己写的诗句拿给邻居威廉·伍德指教。林肯有一篇文章曾经发表在俄亥俄州的报纸上。而林肯在写第一篇文章时，表达了他对动物的怜悯之心。不过，林肯在学校里上学的日子总共还不到一年。

卡耐基便认为自己在学业上比林肯幸运，而林肯后来知识那么渊博，在于他在艰难困苦之下仍发奋读书，这一点是卡耐基应该向他学习的。直到1874年林肯当选国会议员时，还在他的教育程度一栏里填上"不全"二字。在他被提名为总统之后，还说："我小时候知道的并不多，但我能读能写，之后就没再上学了。我缺少基础的教育，但我之所以有今天，在于我自修取得的结果。"

林肯学会了阅读，这促使他主动去发现一个崭新的世界。据说，在林肯的继母到来之后，给他带来了五册藏书：《圣经》、《鲁宾孙漂流记》、《伊索寓言》、《天路历程》和《水手辛巴达》。当时的林肯把它们视为无价珍宝，并从中也锻炼了自己的文风、说话方式。可除了这些书之外，林肯渴望拥有其他的读物。他曾经向一位律师借阅了修订版的印第安纳法典，又尝试阅读了"独立宣言"与"美国宪法"。

卡耐基很赞赏林肯的这种刻苦求学的精神。林肯对书非常着迷，总会借着月光看到很晚，在林肯要睡觉的时候，会把书塞在圆木缝里，等第二天阳光照射而来的时候，拿起来再读。在林肯借书的事件中，卡耐基最清楚的是《史考特教本》这本书了。这本书教会了林肯怎样公开发言，让林肯认识了古希腊的雄辩家西塞·狄莫西尼斯和英国文艺复兴时期的大文学家威廉·莎士比亚。林肯酷爱这本书，这本书也增长了他的很多才干。

林肯的父亲老汤姆是不喜欢林肯在下田时还阅读书的，他经常会对在田里看书的林肯唠叨，说林肯是一个懒汉！林肯却毅然接受了父亲的这种责骂，因为他能看书就是他最在乎的事了。然而，老汤姆多次呵斥林肯没有起到效果，就在某一天当着大家的面给了林肯一个耳光。当时林肯被打倒在地上，流出了眼泪。从此，林肯和父亲之间产生了隔阂。卡耐基在了解这一段时，说："如果当时林肯的父亲能支持并鼓励林肯读书，林肯就会更有成就了！"卡耐基便进一步关注着林肯的人生历程：

1830年，"牛乳症"蔓延到林肯所生活的地方，由于林肯的父亲老汤姆喜爱搬家，这一次"牛乳症"让他们损失了不少。二十多年后，林肯还回忆说："真想不到当初会再一次遭遇那种风险！"

在荷思敦的《林肯传》中便有这样的记载："那天，林肯向我讲述远行的经过，他说，当时白天路面上已经冰雪融化，到晚上的时候会冻结，所以走起路来非常费劲。由于河上没有桥，所以就要绕更多的路。还记得有一次，小狗脱了队，当我们过了河，小狗还站在对岸，并不停地叫着。我的家人都建议丢掉那条小狗，但看到它慌得乱叫乱跳的样子，我还是再涉水回去，终于得意地夹着发抖的小狗赶上队伍。"

可见从小林肯就富于爱心，而这也是卡耐基十分赞赏的美德。而就在林肯的全家穿过草原的时候，国会正在激烈地辩论着州政府是否要退出联邦。期间，丹尼尔·威伯斯特从参议员席站起来，用低沉嘹亮的声音演讲了一篇《威伯斯特答海书》，这让林肯深受启迪，把它视为"美国最堂皇的演说范本"。林肯还说："自由和团结是不可分割的！"恰恰是由于怀揣着这些坚定的信念，促使了一个赶着牛车向往伊利诺伊州的小伙子，最终实现了美国的统一。

卡耐基说，在事业成功之前，一定要有坚定的信念。这信念会促使一个人执着于梦想不动摇，最终与成功接轨！

林肯的这种信念，深深地打动了卡耐基。卡耐基也是因为以林肯为榜样，最终一步步地走出了自己的成功之路。

卡耐基还说，如果林肯娶了安妮·鲁勒吉，可能会幸福一辈子，但不会当总统，因为安妮·鲁勒吉不是要逼他拼命争取功名的人。但正是林肯娶了玛丽·陶德，而玛丽·陶德一心想入主白宫，才促进了林肯政治生涯的发展。

林肯走上政治舞台的过程是艰辛的，在一开始政敌就指责他为异教徒，而且由于林肯与高傲的陶德以及爱德华家族联姻，政敌便说他是财阀与贵族利用的工具。但面对这些捉弄，林肯则是显得很坦然。

第一次竞选林肯没有竞选上，这是他政治生涯所遭遇的第一次失败。两年后林肯又出马了，这一次他竞选上了，这让妻子玛丽·陶德十分高兴。她给林肯定制了一个新的晚礼服，以便自己能够更好地进入华盛顿的名流之列。可是当她到东部和林肯会合之后，才发现事情并不像自己想象的那么简单。林肯在没有领到政府的薪水之前，要先向史蒂芬·A.道格拉斯借钱来开销，由此林肯夫妇只能暂住在杜夫格林街史布里格太太的宿舍。宿舍门前的街道没有铺石板，人行道都是由灰土与砂石构成的，房间阴森森，还没有水管设备。后院里有一栋小屋、一个鹅栏与一个菜园，邻居们养的猪时常会闯进来吃青菜，史布里格太太的小儿子时不时会拿着木棍跑出来赶牲畜。

这种环境对林肯来说又是一种历练，使他能在平淡的生活中和人民更加亲近。但林肯的妻子却不愿意过这种生活。她一直想进入华盛顿的名流圈，无奈被纷杂的世界所叨扰，只好忍耐着。但这种情形与当时潜伏起来的政治风险相比较，根本算不得什么。林肯在进国会的时候，美国和墨西哥正在打一场历时一年的战争，这场战争是由国会中主张蓄奴的人刻意挑起的，目的是推广奴隶制度，并选出赞成蓄奴的参议员。在这场战争之中，美国取得了两项利益，一个是墨西哥的得克萨斯州割让给了美国，另一个是夺取了墨西哥的一半领土，改建为新墨西哥州、亚里桑纳州、内华达州与加利福尼亚州。

在这场战役之后，林肯在国会里发言，谴责总统发起了"掠夺与谋杀的战争，抢劫与不光荣的战争"。虽然这篇演说并没有受到政府的关注，却在民众之间掀起了一阵飓风。就有伊利诺伊州上千的军人相信，他们是为神圣而战，但是竟有人说他们是恶魔、凶手，便反诬林肯"卑贱"、"怯懦"和"不顾廉耻"。这些军人在聚会时表示，他们从来没有见过林肯做过这么丢人的事，这种恨意郁积了十几年，直到十三年后，林肯竞选总统时，还有人使用这些话来攻击他。面对这些言语，林肯说："我等于是政治自杀。"接着林肯希望谋求"土地局委员"的职位以便留在华盛顿，但没有成功，这时他又希望提名为"俄勒冈州长"，希望在俄勒冈州加入联邦并且成为首任的议员，但仍以失败告终。林肯便回到了他的律师事务所，现如今他成了一个没精打采的人，想放弃政治事业，以便全心全意地从事法律工作。

卡耐基说，这是林肯职业历程中的一种选择。好在他后来重新回到了政治界，才在政治领域成为了佼佼者。卡耐基说，要正确地衡量事业的选择，不同的岗位会成就不同的人，如果林肯当初从事了律师工作，他充其量只是一个律师，但是林肯却没有，这注定了这个人物的伟大与不凡。

林肯在律师事务所里，为了锻炼自己的推理与表达能力，买了一本几何学专著，每次骑马出巡时都会带在身上阅读。我们可以从荷恩敦的《林肯传》中见到这样的话："我们住乡下小客栈时，常常都共睡一张床。床铺总是短到不能适合林肯的身长，所以他的脚就悬在床尾板外头，露出一小截胫骨。就算这样，他还是把蜡烛放在床头的一张椅子上，连续看好几个钟头书。我与同室的另外几个人早就熟睡了，他依然以这种姿势苦读到凌晨两点钟。每次出巡，他都这样手不离卷地研究。结果，六册欧氏几何学中的一切定理他都能轻松地加以运用。林肯在通读几何学之后，又研究代数，接着又读天文学，后来写了一篇谈语言发展的演讲稿。可是，他最感兴趣的还是莎士比亚的著作，他养成了文学的爱好，这一爱好一直延续到他生命的终结。林肯最吸引人的特点，是他的哀愁与忧郁，这是用语言难以形容的。"

耶西·维克在帮荷恩敦整理《林肯传》的资料时，感觉到有关林肯的哀愁的叙述似乎有些夸张了，便去咨询了林肯的几位好朋友惠特尼、史维特、史都华、戴维斯、马森尼。经过与这些人的对话，耶西·维克才体会到林肯忧郁的个性，便与荷恩敦谈起了这件事，荷恩敦深有感触，在《林肯传》中补充说："这二十年，我很少看到林肯有一天快乐。他最显著的特点就是永恒的悲容，他走路的时候，忧郁几乎都要从他身上流淌下来。在林肯骑马出巡的时候，与他同睡一个房间的律师们，时常一大清早就被他自言自语的声音惊醒。林肯会起床生火，然后呆坐几个小时，或者背诵着'人类为何骄傲呢？'有时，林肯在大街上，遇到熟人和他说话，林肯都一副茫然的感觉。"

林肯崇拜的纳森·伯区说："林肯在布鲁明顿出庭时，有时会把审判室、办公厅或是街上的听众逗得捧腹大笑，可有时又会陷入沉思，谁也不可以打扰他。他会坐在靠墙的椅子上，双脚放在矮梯上面，小脚弓起，下巴搁在膝盖上，帽子往前斜，双手抱膝，眼神充满悲哀，一副没精打采的阴沉表情。

我就看过他这样入神地呆坐了几小时，在这期间甚至他最亲密的朋友也不会打岔。"

另外，研究林肯一生的瑞吉，比所有人说得都透彻，他说："从 1849 年到林肯去世前，他有着普通人不可估量的哀愁。"

林肯卓越的说话能力和幽默感，也和他的哀愁一样突出。荷恩敦说："很多时候，会有两三百人围在林肯的身旁，静静地听他讲几个小时。当讲到精彩的时候，不少人会捧腹大笑几个小时。"

认识林肯的人都深刻体会到了，他的"地狱般的哀愁"来自于政治上的失意和婚姻上的失败。

这一点卡耐基深有感触，在前文中已经说过，青少年的卡耐基是很哀伤的，或许正是因为这一点，卡耐基才把林肯视为了榜样。

卡耐基说，在林肯过完辛酸的六年之后，就在他对政治前途绝望之时，发生了一件事，这件事改变了林肯人生的方向，使得他向"白宫"出发。

当卡耐基仔细地研究完林肯的一生后，他更明白了林肯的忧郁对其人生带来的消极影响，卡耐基就要迫切走出这一忧郁的困惑，所以后来的卡耐基克服掉了忧郁，迎接了新的生活挑战。卡耐基做到了战胜忧郁，他的榜样林肯也做到了。

虽然林肯在政治上遭受了不少挫折，但在同时又获得了许多不朽的荣誉。1858 年的夏天，林肯参加了美国历史上一场有名的政治战争，并为自己摆脱狭隘的观念和打破默默无闻的情况奠定了基础。当时林肯 49 岁，是一个成功的律师，却是一个失败的政治者，也是一个失败的丈夫，林肯当时的年收入在三千美元，他说："我政治上的竞赛算是失败了，但从现在开始，却又出现了奇迹。我现在认为前几年的林肯去世了，接下来的几年是一个活生生的林肯。"

林肯有这样的念头，是卡耐基大为敬佩的。人在事业上只有忘掉过去的不快，才能开辟美好的前程。林肯的对手是史蒂芬·A. 道格拉斯，作为当时全美的偶像，他的声望也就可想而知。在"密苏里折中方案"撤销后的四年里，道格拉斯东山再起，打了一场精彩又漂亮的政治仗，事情的发展是这样的：

　　堪萨斯敲着联邦的大门，想要成为蓄奴州之一。道格拉斯说："不行"，由于草拟该州宪法的议会不是合法的议会，议员们是靠狡计与猎枪选取的。被反对成为蓄奴州的堪萨斯人摩拳擦掌，准备打战，他们忙着行军、挖战壕、操练、堆胸垛，把旅社变成城堡。既然选举不公平，他们就要用子弹来获得。因此，砍杀与射击的事件便屡见不鲜。史蒂芬·A. 道格拉斯认为，由冒牌议会拟就的宪法不值一文，因此他要求再举行一场诚实公平的选举，以投票方法决定堪萨斯州是成为蓄奴州还是自由州。史蒂芬·A. 道格拉斯的要求很合理，但是美国总统詹姆士·布查南与华府那些支持蓄奴的政客们却不赞同这种方式。于是，詹姆士·布查南与史蒂芬·A. 道格拉斯争吵了起来。詹姆士·布查南说，要把史蒂芬·A. 道格拉斯送上政治的屠场。史蒂芬·A. 道格拉斯却说："詹姆士·布查南总统是我一手推举出来的，我也能毁了他。"史蒂芬·A. 道格拉斯便改变了自己的信念，他牺牲了自己的政治前途，让林肯有机会入主白宫。在 1854 年他去芝加哥时，芝加哥市政府派出专车、乐队与接待委员迎接他返乡。在他进入芝加哥市区时，响起了一百五十响的礼炮，有成百上千人与他握手，女人们把鲜花抛在他的脚下，民众以他的名字作为长子的学名。在他死后的四十年，还有人以"史蒂芬·A. 道格拉斯派的民主党员"为榜样。正是因为史蒂芬·A. 道格拉斯的这种正能量，使得伊利伊诺州的民主党员提出让史蒂芬·A. 道格拉斯参加国会参议员竞选，此时共和党推举竞选的是无名的小辈林肯。这场选举让林肯脱颖而出，记者忙于采访，报纸更以很大的篇幅争相报导这场轰动的竞选，没多久，全美人们都在聆听着这场竞选的声音。两年后，林肯进入白宫。

　　史蒂芬·A. 道格拉斯对林肯也有正能量的促进作用，卡耐基说，敌人和对手是你最好的武器，会让你变得更坚强。林肯就是这样，在敌人和对手史蒂芬·A. 道格拉斯的促进下，走进了梦寐以求的白宫。

　　在入主白宫后，林肯发表了演说，他说："我们的政府不能容忍奴役和自由共存的状态，我不希望国家继续分裂下去，我要为了长远的和平与团结而战。"这些话却让林肯的朋友感到十分惊慌，林肯说："这是很多人都知道的真理，我只是在用简单的语言让他们知道时局的危险性，这是一种现实的状况，避免不了。"

林肯的这种务实，也是卡耐基乐意学习的。卡耐基逐渐在事业上形成了务实、不夸张、不好高骛远的态度。

林肯与史蒂芬·A. 道格拉斯在芝加哥也展开过辩论。当时辩论的地点在奥泰华镇，还没开场就挤满了民众，林肯与史蒂芬·A. 道格拉斯的支持者都呼声震天。林肯的支持者写着这样的标语："帝国之星往西走，母亲离不开土地，我们与林肯携手。"如此等等。这让林肯更具有活力与正能量，尤其是人山人海，更激发了林肯的演讲潜能。林肯与史蒂芬·A. 道格拉斯从哪一方面看都大为不同，例如史蒂芬·A. 道格拉斯身高五尺多，林肯身高六尺四寸，史蒂芬·A. 道格拉斯的声音细细的，林肯的声音嘹亮，史蒂芬·A. 道格拉斯是大众的偶像，林肯却只是政坛新秀，史蒂芬·A. 道格拉斯装扮得像富裕的南方农场主，林肯的打扮却略显粗野，史蒂芬·A. 道格拉斯说话没有幽默感，林肯却很诙谐，史蒂芬·A. 道格拉斯总是重复几句话，林肯却是话题不断，史蒂芬·A. 道格拉斯讲究排场，善于虚张声势，林肯却不喜欢"烟火和爆竹"，只手提着一个松垮垮的旧绒毡手提包与一只把手断落的绿色棉布伞，史蒂芬·A. 道格拉斯是一个机会主义者，胜利是他的宗旨，林肯却坚持正义的原则，谁到最后赢都无所谓，林肯说："人家说我很有野心，天晓得我是多么诚挚地渴望这场野心战根本就不要展开。我不敢自诩不在乎荣衔，可是，现今密苏里折中方案若能恢复，表面上反对奴隶制度的扩张，只是暂时容忍现存陋规，那样，我衷心同意史蒂芬·A. 道格拉斯法官永不退位，我永不任职。"史蒂芬·A. 道格拉斯则再三强调："要是大部分州民都主张蓄奴，不管何时何地任何一州都有权蓄奴。"他不在乎蓄奴的存在，他最著名的口号是："让每个州管自己的事，别干涉他人。"林肯接着说："史蒂芬·A. 道格拉斯法官认为奴隶制度是对的，我却不这么认为。他主张所有地区想要蓄奴就可以蓄奴，要是蓄奴是错的，为什么还要主张呢？且史蒂芬·A.道格拉斯不在乎蓄奴制度的存废，我却认为蓄奴是不道德的坏事。"史蒂芬·A.道格拉斯接着说："林肯有着不正确的观念，在黑人与白人的问题上表达模糊。"林肯反驳说："我只是替黑人提出一个请求，要是上帝只肯给他们不多的福佑，也让他们享受那一点属于自己的福佑。他们有很多方面都和我们不平等，可是至少他们应该享有'生命、自由、追求幸福'的权利，也应拥有把自己赚来的口粮放进嘴里的权利！这一点是和我平等，和史蒂芬·A.道格拉斯法官平等，和每一个人平等的。"史蒂芬·A.道格拉斯控告林肯让白人与黑人通婚，林肯否认说："要是说我不要一个黑人女子为奴，好像就表示我必定要娶她为妻。我反对这样的推论法。我活了五十多年，从没有用过一名黑奴，也没娶过黑奴为妻。世上有很多的白种男女能够匹配，有足够的黑种男女能够嫁娶，看在上帝的分上，使他们顺其自然吧！"史蒂芬·A.道格拉斯指责林肯是非不分，林肯却说史蒂芬·A.道格拉斯的这种根本不算辩辞的辩辞，让人感觉史蒂芬·A.道格拉斯在说胡话。史蒂芬·A.道格拉斯说不过林肯，林肯继续说："要是有人主张二加二不等于四，而且反复这么说，我没有什么办法阻止他。我不能堵住他的嘴巴不许他说。我不想指责史蒂芬·A.道格拉斯法官没有说实话，他自己心里也非常清楚。"

这场辩论针锋相对，精彩至极，最后史蒂芬·A.道格拉斯昏了头脑，在这次辩论中败北。

卡耐基很欣赏这次辩论，林肯的幽默与口才让卡耐基大为学习。卡耐基认为，要想事业上说服对手，必须掌握说话的技巧。他恰恰就是从林肯这里得到了这些，这也为卡耐基能成为演讲大师铺平了道路。

林肯在与史蒂芬·A.道格拉斯的辩论之时，也希望从中能赚点钱，但结果林肯并没有赚很多的钱。

在林肯辩论归来之后，他重新回到律师事务所。他已经六个月没有去律师事务所了，这时律师事务所需要一些钱，林肯便把赚到的钱都用在了律师事务所上。

卡耐基说："我永远认为林肯是一个称职的律师，所以我对自己的事业也毕恭毕敬。是林肯给了我这样的一种榜样的激励，让我有了明确、可靠的方向。从而坚持自己的事业，果然我在上面也有所成就。我现在深刻地体会到的是林肯教会我的一些东西，我感谢上苍让我和他有类似的童年，也感谢林肯的不屈不挠，尤其是他出色的口才与演讲能力，他的每一项优点都是值得我学习的，让我受益匪浅！"

有了林肯做榜样，卡耐基的生命中充满了正能量。这便足以见证榜样的力量！

我们也要树立一个事业上的榜样，他会成为我们的导师指引我们前进的方向。卡耐基在后来的演讲道路上，曾经不止一次地告诉世人，每个人都不可能仅靠自己的力量去获得成功，必须要有前人做指引。一旦找到了这种榜样，他便会让你少犯错误，少走弯路，及早成功。

所以，卡耐基再一次强调，林肯是他事业上的榜样，也告诫世人，要寻找到一个"伯乐"，这样才能最大限度地发挥你的才干，让你不枉此生！

第二节　战胜困难与挫折的过程

任何人在事业之中都会遇到困难与挫折，卡耐基也不例外，在本节中将主要讲述卡耐基战胜困难与挫折的过程。在第一章第一节中我们知道，卡耐基凭顽强的意志迎接新的生活；在第一章第三节中我们知道，卡耐基成为了演讲大师，他的课程受到了欢迎，但并不是所有的人都认同卡耐基的课程，因此卡耐基遭到了来自别人的非议和责难。

我们还知道，卡耐基在青年会夜校的课程十分紧张，他意识到自己不适合写小说。这样卡耐基就无心做其他的事，他的《大风雪》的文章也被认为是一个败笔。卡耐基只好回过头来做好"卡耐基课程"的每一件事。

卡耐基想起了让医学家奥斯勒终身受益的一句话："我们最关键的工作，并不是在眺望遥远的、蒙眬的事物，而是完成贴近的、准确的工作。"卡耐基在自己的事业上便找到了这种最贴近、最准确的工作——夜校里的"卡耐基课堂"。经过很长时间的实践，卡耐基形成了一套比较清晰的授课体系，便决定修订课程表。

卡耐基打定主意，要以接受能力为课程根本，继续开设处理人际关系技能的课程，以及如何摆脱忧郁的课程。

不过，卡耐基由于一天晚上忙不过来停课了，这让学生们很不高兴，并将这件事闹到了青年会的新主任那里。一个学生毫不客气地指责着卡耐基："他的课程并不让学生们完全满意，现在竟然如此懒惰！如果他再偷懒的话，应该从明天晚上开始每天将他的薪水降低一半！"

面对这样的批评，卡耐基坦然接受了，再仔细想一想，到底应该如何停止损失。就在这时，卡耐基接到了伊妮寄来的一封信，伊妮在信上说："亲爱的戴尔先生，我在给你写这封信时，想到了'不要为月亮哭泣，也不要因事后悔'的那句话。现在我想让你听听我的故事：有一天，我接到国防部的电报，说我最爱的亲人我的侄儿在战场上失踪了。我一下子变得惶恐不安，没过多久，就接到了侄儿阵亡的通知书。我的心情变得十分沉重，在这次事情发生之前，我一直是对生命感觉很美好的，侄儿是我美好的所有期盼，但是这么一个电报，却把一切都击碎了，我再也感觉不到生活的意义。我开始敷衍我的工作，对朋友也冷淡，看样子我对这个世界充满了怨恨和不满。为什么要夺去我可爱的侄儿，为什么他的美好的生活还没有开始就要去另一个世界？我不能接受这个现实，便想放弃事业，远离家乡，到一个没有人的地方在眼泪与悔恨之中度过余生。但就在我清理办公桌准备辞职的时候，我发现了一封我已经忘记的信，那封信是侄儿寄给的，当时我的母亲刚好去世。侄儿在信上说：'我也会想念她，我想您也是如此！既然她已经去世了，就有必要渡过这一段困难与挫折期。人生之中难免会有很多的痛苦与折磨，所以您需要笑着面对每一天。现在我会认为将来的每一天是乐观的，因为我要像一个男子汉，要战胜所有的困难与挫折。'我把这封信读了很多遍，眼睛也湿润了，才发觉，我应该正视现状，要微笑着勇敢地活下去。我便重新投入到了事业之中，对人也不再冷淡。现在，我有了希望，认识了新的朋友。我也希望所有的人都不要为过去的事情悲伤，因为生活时刻充满着精彩。"

读完了这一封信，卡耐基陷入了沉思，应该怎样应对第一次遭到学员们的批评呢？卡耐基也写了一封信给那位批评他的学生："很抱歉，我没能够做到让您满意，但接下来我会给您精彩的答案，因为我会全心全意地投入到这一事业当中。"那个学生当然也原谅了卡耐基。卡耐基事后说："我们要明白一个道理，当出现差错的时候，去追悔是没有用的，当务之急是找到补救的措施。当然，要心系着美好，才能使事情得到圆满的解决。"

卡耐基又想起了自己的事业，想起了在青年会的种种，便说："这是我热爱的事业，虽然会遭遇很多挫折，薪水也不多，但现在我对事业有了强烈的责任感，从而战胜了这一过程。"

有了这个想法，卡耐基便会对自己的夜校工作感到满意，便能够更好地发展自己的事业。卡耐基规划并建立了一整套"卡耐基课堂"，从而走出了青年会这个小圈子。

在事业之上，卡耐基经常听说有人会恐惧失败。对于这种心态，卡耐基建议，要努力去尝试，不要在乎结果，只需在乎过程。

有一天，卡耐基遇到一个人对他诉说工作上的烦恼，卡耐基听后，说："这个工作你必须做下去，要是你现在逃避遇到的困难与挫折的话，那么将来一定会再次遇到，所以现在你就应该把这个问题解决！"

卡耐基是很重视现实与实际的，他被认为是一个充满理智的老师。

卡耐基有时候会面对与学员之间的不友好，但卡耐基都会本着人文的关怀去处理，毕竟自己是他们的老师，就应该能原谅、容忍他们。这样才会让他们看到客观事实，当然也有助于自己的前程。

说到这里，卡耐基要告诫那些势不可当的有身份的人物。一个人要想发展事业，在事业遇到困难与挫折的时候除了要去战胜外，自己本身也要保持一种低姿态，不能和别人斤斤计较。这是做人的一条起码的准则，也是成就自己人生与前程的一条法则。

卡耐基在离开青年会后，在社会的颠簸中，更深刻地体会到，有时候我们做的并不是自己感兴趣的工作，这时候要全面思考，要重新定位。如果一个人不能很好地找到自己的方向，再怎么努力到最后也可能会功亏一篑。

因此，卡耐基会经常对自己说："这个课程采用这种方法合适吗？我下一次再陷入这种困境该如何处理？遇到了突如其来的困难，如何去化解？我要找到各种途径去解决它们，这些途径是什么呢？"卡耐基便会在自己教学失败之后，总结经验与教训，从而让学员们满意。

卡耐基在这方面做得很突出，不然问题解决不了就难以成为一位称职的老师。

卡耐基也说："在面对困难与挫折时，会让人喘不过气来，但如果能从中突破，就会乌云过后看到一片艳阳天。所以我乐意去战胜困难与挫折，因为我渴望呼吸战胜困难与挫折后的新鲜空气。"

卡耐基如此说，便更为重视每一个到来的棘手问题。在遇到学生们需要解决的问题时，卡耐基总会用新颖的办法让他们觉悟。

这一点是卡耐基事业成功的关键，他也时常会去图书馆查阅资料，以便让自己的讲课变得活泼。有时候卡耐基会遇到一些烦恼，在这些烦恼解决之前，卡耐基会搜肠刮肚地想对策。不然，明天还有明天的事情要做，这样一再拖延的话，只会影响工作与进程。

卡耐基看到这样的一些故事：一连串的失败之后，如果放弃的话就无法成功，再坚持一步就可能会成功；困难与挫折是常有的，笑对这些的人会活得潇洒、惬意；经历困难与挫折是一种痛苦的过程，如果想想之后的甘甜，就会很好地去应对；对于那些一遇到困难与挫折就打退堂鼓的人，他们一生中就会有很多难以解决的问题，当然也会活得不自在。

卡耐基经常讲到林肯的故事，林肯在遇到他人的批评之时，会写信写诗揶揄他人，然后把那些信件撕掉。有人会觉得这很荒唐可笑，林肯说："把心中的不满写出来会发泄自己的情绪，让自己重归一个良好的起点，如果把这些不满告诉对方，就不是正确的解决方法了。把这些不满遗失掉，才不会带着负担前行，才能更好地让对手尊敬。"

林肯便是这样赢得世人爱戴的，当然林肯也有不愉快的经历，关键是他没能恰当地处理好这些困难与挫折。林肯曾经在《春田时报》刊登了一封没有署名的文章，嘲笑一位自负而又好斗的爱尔兰人。结果让这位爱尔兰人怒火中烧，他通过各种途径去调查写那篇文章的人是谁，最后找到了林肯，并要与林肯决斗。好在后来有别人协调，才避免了一场生死决斗。

卡耐基便说，我们不要总嘲笑他人的缺点，这是让人所记恨的。尤其是在现代社会中，有的人我们可以与其开玩笑，有的人则不可以，我们要分清对象去说笑。且在那些说笑的对象之中，会遇到君子和小人，如果是君子的话，他们不会和你斤斤计较，大不了老死不相往来，如果是小人的话，你这一生可就没完没了了，他会通过各种方式去造谣中伤你，让你烦恼不断。

因此，卡耐基建议，不要得罪小人，得罪小人就会给自己的前程堵一堵墙。我们都知道朋友多了路好走，同样的道理小人多了路就没法走了！

我们要很好地去选择事业伙伴，要知道该和什么样的人合作不该和什么样的人合作。合作对象往往会决定我们的输赢！

在找到靠谱的合作对象之后，即使会出现困难与挫折，也要想办法去解决。不能一遇到不愉快就要结束合作，要知道，找到一个值得依赖的合作对象是很困难的事情。如果那个对象确实靠谱，就应该和对方更好地合作。当然，之间并不会一帆风顺，如果不能战胜这些困难与挫折的话，你到最后只会孤掌难鸣。

卡耐基提醒我们，人都会遇到困难与挫折，尤其是在职场之中，困难与挫折便需要年轻人去应对了。

年轻人经历一些困难与挫折是大有好处的，这会让你变得更具有智慧。卡耐基经常会说到一个人的故事，这个人叫什么名字卡耐基也记不清楚了。卡耐基说，他曾经在事业上失败，站在自家的阳台上，想结束自己的生命，但就在他准备跳楼的一刹那，他决定先看看楼下的风景。看到柳绿花红，小鸟儿叽叽喳喳，万物生机勃勃，他忽然意识到不能就这么逃避。

这位失意的年轻人最后还是很好地应对了这一挫折，结果后来就成功了。

卡耐基认为，困难和挫折只是一时的，它是上帝给人类的考验。每个人都要经历这一考验，才能成为上帝眼中的宠儿。那些在困难与挫折面前倒下的人，不光自己会活得不乐观，也可能会被上帝永远地抛弃。

谁想被遗弃呢？可是，那些无法战胜困难与挫折的人就会被遗弃。他们看起来很可怜，但可怜之人必有可恨之处。因此，卡耐基说，失败后一蹶不振的话会自食其果，人有必要靠自己去改变。困难和挫折只是暂时的，而人生的美好却是长远的。

在卡耐基遇到困难与挫折时，总会积极地去解决它们。卡耐基所在意的事业是他的"卡耐基课程"，卡耐基曾经想把这一课程推广到全世界，但却遭到了朋友的嘲笑，他们说卡耐基异想天开，但卡耐基并没有灰心，依然坚持着自己的事业，现在"卡耐基课程"不是已经风靡全球了吗？

卡耐基很重视战胜困难与挫折，他会寻求团队的支持，会找到合作人做兼职教师，例如列文、罗宾、福尼斯等。正是这些人的帮助，才使卡耐基的事业更上一层楼。卡耐基认为，在事业的征途中，如果遇到解决不了的问题应该寻求他人的帮忙，所谓人心齐泰山移。因此，卡耐基十分重视合作的精神，合作会让一切困难与挫折显得小菜一碟。

卡耐基也重视对学员们领导技能的培养，他认为一个学员如果能够拥有领导能力，就有可能会做成更大的事业。卡耐基给学员们讲解了四个规则，让他们在实际中去运用：

第一个规则是，只处理重要的资料，其余的东西都排除掉。这样会让一个人一心一意地做某一件事情，不至于被其他的烦心事所困扰。人只有有这种精神状态，才能更快地把问题处理好。像是办工桌上有很多文件，往往会让我们头疼，如果我们只留下最重要的，就会把精力用在这一重要的事情上，就能按时地把这一重要的事情完成。不然各种思绪剪不断理还乱，只会让你更苦恼。

第二个规则是依据事情的轻重缓急去处理。在困难与挫折之中，总有重要的和次要的，我们要很好地战胜困难与挫折，就要分清轻重缓急。这样有一个先后的顺序，处理困难和挫折也显得有章可循。

第三个规则是在面临问题时，要当场解决症结或关键，决不拖延。对于那些棘手的事情，要当场解决掉，这样，才不会让自己以后为这件事耽搁更多的时间和精力。人最付不起的是拖延，拖延会让人形成惰性，对一个人事业的发展带来阻碍。想想万事万物都在发展之中，你拖延的话就不会前进了。时间久了，你就会被别人超越很多。这就是为什么有很多人一开始站在同一条起跑线上，而到最后却有的跑得近、有的跑得远的原因之一。

第四个规则是要学习代理化、组织化和管理化。在面对困难与挫折的时候，要用新办法去解决这个问题，人不能固守过去的观念，不然问题就难以解决。有必要找到新的对策，这会让我们发现不一样的精彩。对于学习代理化、组织化和管理化，就更需要我们下功夫了，多掌握一些本领还是大有益处的！

卡耐基十分赞赏那些能恰到好处地处理困难与挫折的人，他们是睿智的，能在有限的生命里做出比别人更多的成就。

我们每个人的生命有限，不能浪费自己的青春在一些无聊的事情上。在事业的征途之中，当遇到了困难与挫折，要想到很好地应对措施。这些会让我们将来即使再遇到难题也会得心应手。

无论如何，卡耐基建议，没有一帆风顺的人生，事业也是如此，一个人就应该做好会与困难和挫折相伴一生的心理准备，但不能任它们肆意妄为，我们必须把它们战胜，这样才会有一个成功的人生。

总之，卡耐基从事过很多职业，最终找到了适合自己的一条路，成为了一个备受全世界爱戴的成功人物。

第三节　影响力去扩大传授

上一节中说卡耐基战胜了困难与挫折，确立了"卡耐基课程"的训练特色与内容。为什么有这么多人希望接受卡耐基课程呢？关键在于它的有效性。而卡耐基让这个课程遍布到全球各地，可见它的影响力。

卡耐基是成人教育的先驱，他通过多年试验新的教学方法，最终找到了符合自己的教学方法。卡耐基的课程使人受益匪浅。

卡耐基是不赞赏填鸭式的教学方法的，他告诉学员们，如果只把老师的知识强加在自己身上，就不能真正地学习到知识。他还建议学员们从参加的活动中提出报告，并且在一些课程中进行小组讨论。卡耐基让学员们明白了每个人每一堂课的进步情况都是不同的，而且让他们在与其他学员的比较之下，不至于产生被比下去的感觉。卡耐基还要求教师每个人记住自己的目的，并且强调能够取得的益处，同时要以培养技巧、展现态度来引导学员们学习。在学员们每次发表谈话时，教师都要指出他们进步的地方。如果一位学员说他之所以参加卡耐基课程，是为了更好地与上司及下属相处，此时卡耐基会这样告诫：应该表现出你十分尊重与上司、同事的关系。正是这种方式，让学员们在职场上受到了欢迎。

卡耐基在扩大与宣传课程上，他的人格也是积极的、具有魅力的。卡耐基会始终保持着乐观的态度，并且乐于赞扬别人。这也对他的事业发展与壮大起了促进作用。卡耐基会十分注重每一个学员动力的推进，他会在学员谈话之后做出点评，这一点也是经过心理学家研究证明的，心理学家认为，立即作出点评能让学员们易于接受。

卡耐基在宣传事业的时候，也会让人们明白，他的课程与其他的补习班有着本质的区别，由于要求学员要把所学的东西运用到生活中，所以卡耐基会传授给他们真诚的、有价值的东西，这也是他认为教师应该具有的责任。卡耐基课程的框架是由简单到复杂的，会在课上讨论，会在课下研读有关的文字资料，还会在下一堂课之前加以运用，并且在又上课时提出报告。于是这些课程便产生了推动力，促使学员们自觉地去实际运用。在卡耐基的课程里，已退休的主管教学的副总裁格瑞·鲍丁说，卡耐基的教学有心理学准则的依据，他的课程是遵循皮尔土与詹姆斯的教学法而制定的实用教育课程，他不探究教学程序里的心理学道理，只是很明白地指出容易了解的准则，以便让学员们去遵守。卡耐基会让学员们选择一个自己知道并渴望演说的题目，这个准则背后的哲理是：一个人演说他所知道的事物，会感觉到自在，并且会有信心。

卡耐基建议每一个班都要有一个宗旨，这个宗旨会有助于他们达成目的。教师要很好地运用方式、技巧和工具等，以便让学员们更清楚课程不是呆板、机械的。卡耐基注重人内心的成长，他尊重每一个学员的人格。卡耐基的妻子桃乐丝·卡耐基也证明了这项原则，她说："我们不可以改变一个人的为人，就算可以改变，也不会这么做。我们所做的只能是帮助一个人有效地去发挥自己的能力及天赋。我们要让一个人表达他想要表达的意思，在这种方式之下，他就会努力实现自己的目标。这种方式会给他带来自由、快乐的感觉，会让一个人思维与行为方式得到改变。如果我们没有给他们这些资格，就不会让他们意识到自己的潜在能量，结果就难以发挥自己的本性。"卡耐基进一步说："我的课程的训练是基于对人的根本的分析，人能自我肯定、认为自己是一个有意义的人，从而会了解自己达到目的。有这种想法并在实际中实践，这是学生们乐意看到的。学生们会有力地表达自己的意愿，也会变得更加乐观和自信，让自己成为对社会有贡献的一员。学生们会在生活上富有激情，工作上也不再呆板，家庭也变得和谐。"

卡耐基的教学方式借用了完形心理学学派的理论。完形心理学家认为，要考虑到一个情况的整个状况，而不是考虑这个状态中的各个组成部分，且完美心理学家说："整体美比其余各个部分的总和还要大。"这就要求教师要重视整个人，要在教学的过程中，很好地教人克服畏惧、表达真诚、传达热忱。从某种意义上来说，卡耐基课程并不是教授公开演说，而是在追求着自我发展。学员们在班上发表的讨论，只是一种方便的形式，有助于学员们表达自己的想法与掌握实际的情况。卡耐基会要求学员们把重点仅放在谈话的一部分上，而不是所有谈话的内容，这样就能记住一些关键的东西，而不至于囫囵吞枣。而教师要重视整个事情，而不是它的每个部分，这样就能调动起学员们的积极性并对其予以肯定。卡耐基教学方法的另一个关键是自我暗示，这个观点是由艾默尔·柯乌尔在上个世纪初提出来的。柯乌尔认为，一个人内心的"自我谈话"会决定一个人的观点，而且这个观点是行动的本身。也就是说，要是一个人认为自己会失败，那么最终就会失败；要是一个人认为自己一无用处，那么就真的会毫无用处；要是认为自己会落伍，那么就会跟不上时代的步伐；要是认为自己可以成功，那么就会越来越进步，成功也指日可待。正是柯乌尔这种"自我谈话"的意识，让人明白，如果重复地对自己说，就会渐渐地形成习惯，达成想要。卡耐基便提供了多种使用这种观念的方式，卡耐基认为，如果一个学员在一开始就能得到教师的指正和同学们的鼓励，那么这个学员就会克服一切障碍。所以，在卡耐基的课程上，当一个人发表谈话回到座位上之后，其他的人都会发表意见，这样就会给这个人带来了正能量，促使他进一步改善自己。卡耐基便由此让学员们热诚与乐观，这给了学员内在的心理暗示，有助于他们的成功。卡耐基还要求教学方式要直接，要在讨论的课程中，使学员说出自己的想法。例如，当销售员去见买主之前，要给自己说上一段"精神讲话"，当职员要求升职加薪的时候，也要有这样一段"精神讲话"，这会有助于激发他们的活力，找到制胜的关键。

在卡耐基的事业里，一个人必须要有成功的觉悟才能够成功，这就要求每个人要很好地树立自己的信心。这是卡耐基传播事业的一个制胜关键，如果学员们都是默默无闻并且失败的话，那么卡耐基的事业就会功亏一篑。好在卡耐基让他们明白了必胜的决心的重要性，才涌现出一些大人物，像股神巴菲特、石油大王洛克菲勒、世界首富比尔·盖茨、汽车巨人艾科卡，这些人都受到卡耐基课程的影响，结果赢得了不一样的人生。

卡耐基在培养学员们建立自信的方式上，会对有进步的学员予以嘉奖。卡耐基说，这样做的话，会进一步促进学员的能动性。想想，在小时候，如果我们把一件事情做成功了，长辈给了我们一些好吃的、好玩的，就会让我们更具有力量去把事情做得更好。要是我们把一件事情做好了，长辈只是口头上的赞美，固然会让我们有动力，但当时很快就缺乏了能动性。在我们长大后走向了职场，我们要做的是要把事业做成功。如果老板交给了我们一项任务，我们做得很漂亮，老板并不会置若罔闻的，这时候老板口头上的赞美已经难以起到作用，我们更多地渴望是获得物质上的奖励，例如加薪，我们也希望能够得到精神上的鼓舞，例如升职。有了这些奖励，就会促进一个人的能动性。在这一方面上，卡耐基是赞赏日本的企业家本田先生的。本田会很好地奖励他的下属，因此下属会更好地为他卖力，他的事业也在日本首屈一指。卡耐基为了发展自己的事业，也会奖励那些进步的学员，称赞与嘉许他们的能力，这让卡耐基的课程吸引了越来越多的人参加，并且他们都学到了有价值的东西。

卡耐基在每一个班级上都会使用三本教科书，让这三本教科书作为教室内活动的辅助教材。这三本教科书便是卡耐基的著作《语言的突破》、《人性的弱点》和《人性的优点》，这三本著作很好地激励了学员们，即便是在现在，这三本著作也给世界的无数青年带来了正能量。卡耐基是很注重使用他的这些著作讲学的，这会更好地传播他的事业。卡耐基在传播自己的著作的同时，还会给学员们发放有关主体的特别小册子，在这些小册子中关键的一本是《卡耐基课程手册》，在这个小册子里会有每一节课程的内容和学员们作业的概要。卡耐基认为，这样有活生生的教材，会让学员们有一个理论的支持，不光很好地传播了自己的著作，还更好地促进了自己讲课的活跃性，不至于耗费很大的精力。

卡耐基在传播自己事业的时候以及发表演说的时候，他会讲一讲自己的亲身经历，这样会更容易带来互动性。卡耐基说，要只是漫天说一些理论，纵使会天花乱坠，也难以打动学员的内心，他们所希望获得的不是虚无的东西，而是实在的内容。用亲身体验能够深入他们的内心，让他们更好地获得启迪。卡耐基从来不会在传播事业的时候，用一些虚无缥缈的东西去蛊惑世人。卡耐基深刻地明白，一切假的东西只是昙花一现，要想很好地立于不败之地，并且达到传播的效果，有必要从自身的切身体验出发，这是经过卡耐基多年证明的，这种方法有助于引起他人的共鸣。

我们在第二章第二节中已经详说了这种方式，这里就不再进一步地论证了。

卡耐基还说，每一个人都会有优点，要承认他们的好处，这样会使他人更容易接受你的意见。

你在传播自己事业的时候，目的是让别人接受你的意见，要是你把你的想法强加给别人，那样就不会得到预期的效果。卡耐基永远认同这样一个真理：强扭的瓜不甜！那些在事业上取得成功的人，都不会咄咄逼人、强人所难的。要想很好地深入到对方的心灵，达成事业上的传播，就有必要让对方心甘情愿地去接受，而且是主动地去接受。在以前，传教士传播宗教的时候，并不是非得强加给当地的人们，而是用当地人们乐意接受的方式，才达成了宗教的广泛传播。在事业传播的过程中，还有一点蕴藏在其中，那就是让接受者明白你所传播的事业能给他带来什么好处。如果你给他传播的并不会给他带来什么益处，他往往就会拒绝了，因为他要花费时间和精力去接受你的传播，试想世上有谁愿意去做对自己没有益处的事？卡耐基也是抓住了这一点，在传播自己事业的时候，会很好地让对方明白自己可以给对方带来的好处，这样对方就会放下顾虑去接受。不然，对方心存顾虑，就会在传播的过程中造成一定的阻碍。

卡耐基是很注重这些方面的，在传播事业的过程中，还表现了卡耐基的宽容，如果一个人不愿意接受卡耐基的课程，卡耐基是很坦然的。卡耐基会尊重他的想法，因为卡耐基认为，尊重是为人处世的一条起码的准则。正是因为卡耐基的这些正能量，才让他的事业得以更好地传播。

卡耐基还会让学员们更好地挑战课程中遇到的难题，对于那些难以解决的突如其来的事情，卡耐基不建议他们压抑在心头，而是让他们去沟通、去谈论。卡耐基还是乐于鼓励学员们的勇气的。有的学员很木讷，并不会轻易地表达自己的不满。卡耐基会很好地鼓励他们，他让每一个人不再是懦弱的人，有必要变得坚强起来。在一些是是非非前面，人要有勇气打破障碍。勇气对很多人来说至关重要，它会让一个人不至于活在过去的苦恼之中，会更容易接受新的美好事物。这对事业的传播更为重要，每个人都应该有勇气，无论是在工作中还是生活中，勇气对每一个青年来说都不可缺少。

卡耐基在此还说到了要接受批评的问题。有些人会在遇到他人批评的时候，予以反抗或者回避。这样这个人就犯了一个大错误，不能接受他人批评的人是很难获得成功的。人有必要接受他人的批评，当然他人的批评有好的也有坏的，但如果我们不去细细地衡量，怎么能知道是否会对自己带来益处呢？尤其是在现在的职场之中，一些年轻人不愿接受上司的批评，但这样只会把职场的路走绝。要知道，上司的经验比你丰富，他批评你自然有一定的道理，而你却认为他不可理喻，也不认为他批评你是对的，但过了一段时间，你可能就不会这么认为了，你可能就会感谢上司对你当初的批评。批评会让你更好地发现自己的不足，我们要学会接受批评。尤其是那些在糖水里泡大的孩子，从小受到父母的溺爱，在走上工作岗位之后，就不能那么为所欲为了。在做错事情的时候，如果上司任由你的行为发展，那么就是上司对你的不负责，他就不是一个称职的上司，上司在你犯错的时候必须要批评你。无论你犯的是大错还是小错，上司都有批评你的权力。我们要仔细地去聆听，这是一个职场人应该具备的心理素质。卡耐基说，上司不应该一味地容忍下属，必要的时候应予以批评。但卡耐基并不会把对方批评得一无是处，卡耐基知道每个人都有自己的尊严，他会很好地尊重对方的人格，但总会让对方意识到自己犯下的过错。在对方意识到自己错了之后，卡耐基就不再是横加批评了，而是对其进行鼓舞与开导。正是卡耐基这种传播正能量的精神，让他的知识与能量更好地深入到学员们的心里。

卡耐基会把自己最优秀的知识传递给世人，卡耐基说，人生很短暂，这一生能做的事业也有限，所以每个人都要最大限度地发挥自己的潜能。在卡耐基传播事业之时，就会把自己最好的知识传递给世人。卡耐基不会隐藏自己的价值，也不会含糊其辞，正是由于他把最美好的一面留给了世人，卡耐基才在事业上越来越成功。

卡耐基还说，在传播事业的时候要有一定的历练。除非你有真才实学，不然是很难让别人接受的。我们不能自吹自擂，这些表面上的功夫最终会让别人识破，不光会让你下不了台，还会给对方带来伤害。卡耐基进一步说，在进行传播事业之前，有必要具备内在的能力，这样才不会被别人认为你是沽名钓誉。

卡耐基说，事业代表着一个人的影响能力，每个人都希望自己的影响力越来越大。我们要很好地打造自己的知名度，想想世界上有那么多人，对于同一件事情的传播，大人物的力量远比普通人重要。你可以看到这样一种现象，在商业上来说，如果一个默默无闻的人希望出书，他需要通过各种途径才能把书出版，而且他出版后很难会功成名就，除非是得到了时机或者是他写的书籍特别出色，而且他可能是自费，既花费了精力又要掏钱包，简直是劳神伤肺！但对于那些风靡一时的大人物来说，即便他们不是作家，如果他们出了一本书，很快就会成为畅销书，让他们财源滚滚来，这是那些没有名气的作家望尘莫及的。这些人并不是这个行业里的精英，写书只是一时的心血来潮，却因为出了一本书就被冠名为"畅销书作家"，物质、精神上的回报都很可观。这其中的原因何在？卡耐基便进一步说，并不是这个人的作品有多么大的价值，关键是他在此之前就有很大的影响力。想想，某位明星，他的一举一动都会吸引公众的目光。这便是要传播影响力的必要性。卡耐基还认为，在传播影响力的时候，手段要合理，那些不择手段达到目的的人，最终会得罪很多人，到最后必定众叛亲离。

卡耐基进一步论证，在扩大影响力的时候，一个人有必要赢得别人的喜欢。我们会因为得到别人的喜欢而更好地发展自己的事业。所以我们应在如何赢得别人喜欢上面下工夫。卡耐基是十分赞赏这一点的，我们要给对方留下良好的第一印象，要使自己的举止、穿着给对方带来舒适的感觉。我们在与一个人认识之后要铭记对方的名字，当下一次见到这个人的时候，要能喊出这个人的名字。能记住一个人的名字会让别人喜欢你。我们赢得别人的喜欢也在于其他的方方面面，固然我们的外貌要去修饰，我们的品德、德行也要去留意。你要具有君子风度，让对方第一眼见到你就喜欢你。而喜欢并不是表面的，你的内在、外在都要赢得对方的喜欢，这样的喜欢才会长久。你赢得越多人的喜欢，就越会有助于发展你的事业。在现代社会，你便会有很多"粉丝"，这些粉丝会推动你的事业不断前进。

　　卡耐基说到这里进一步认定，每个人都需要发展自己的事业，事业的影响与扩大会成就一个人。卡耐基便在传播教学课程的过程中成长了很多，卡耐基说，正是他的这些事业，让他的《人性的弱点》这本书有三十七种文字，让他的《人性的优点》有二十七种文字，卡耐基还说全球五大洲几十个国家都有他的课程。

　　他能把自己的知识传递给全世界，卡耐基便认为，他这一生过得有意义。

　　我们也希望活出精彩的人生，每个人的生命都是有限的，关键就在于我们怎样去利用它。在这有限的生命里更好地去扩大自己的影响力是每一个成功者想要的。成功者是不想甘于平庸的，他们想让自己的事业得到认同。要坚持自己的理想，即使现在受到否定，但只要你做出成就了，就会让别人刮目相看。卡耐基很赞赏那些坚持信念的人，他们一开始不被别人理解，有的还被别人嗤之以鼻，但他们没有放弃。但是老天不会辜负他们，让他们最终站在了成功的巅峰。正是因为这种不言败的精神，社会上才出现了一些可歌可泣的成功英雄人物。卡耐基便认为，每个人都会创造出不同凡响的事业，每个人都会在某一领域出人头地，每个人都会带来新的惊喜。所以，这时候你就不能否认自己了。如果你现在处处碰壁，很可能这正说明了你目前所走的道路不适合你。三百六十行行行出状元，何必在一棵树上吊死呢？这也不是卡耐基赞同的。卡耐基认为，一个人应该学会改变，当陷入深渊之时，有必要找到解决的对策。说到这里，卡耐基想起了儿时听说的一个故事：

有一只蚂蚁在上树，期间遇到了一个大琥珀，这个蚂蚁拼命地朝琥珀上撞，结果不但没有爬到树梢，还断送了小小的性命。几天后，又有一只蚂蚁上树，也遇到了这个琥珀，但是这只蚂蚁不是拼命地硬撞，而是绕一个弯儿，结果顺顺利利地爬上了树梢。

卡耐基说，我们不能钻这个牛角尖。人只有学会了变通，才能在事业上畅通无阻。

卡耐基很赞赏那些机智的人，他们在遇到问题的时候，并不是只用一种办法去解决，他们往往会寻找到解决问题的"捷径"。

卡耐基还经常告诉青年人，在追求事业的时候，不能渴望一下子就成功。人必须脚踏实地地走好每一步，这样到最后才有可能成功。

很多人会后悔之前没有努力，结果被别人远远地超越了。而现今社会是一个竞争激烈的社会，需要我们不停地付出努力。不然，在快速发展的当今，就有可能被别人抛在身后。卡耐基说，要在事业上超越别人，才能比别人更好地传播事业。想想看，在一个人接受两件事物时，他通常会综合地考虑一下，如果你的事业没有别人的事业优秀，他就会选择别人而抛弃你了。我们在事业上选择合作伙伴也是如此，在针对一个项目时，会有不同的合作伙伴与我们合作，但我们只选择最适合的。所以，卡耐基建议，你要在你所在的行业里出类拔萃，才能让别人接受你的价值观、你的意识。

所以，我们应努力在某个行业里做出一番成绩，不到必要的时候不要轻言放弃。卡耐基认为，在我们追求一项事业的时候，如果中途放弃的话就是失败了，但如果我们坚持到底，就算取得不了惊天动地的业绩，但我们总会拥有一些小成就。我们大的成就也在这些小成就的积累之上，只要这些小成就足够多，我们就会具备做大事的能力，当然就会拥有大的事业了。

在我们做大事的时候要修炼我们的心态，大事如果做不好可能会让我们前功尽弃，所以卡耐基建议，我们一定要抱着必胜的信心，因为这个信心会促使我们成功。卡耐基还说，我们选择的事业要适合自己，不要随大流、跟大潮，否则就不能发挥出自己的最大潜能。每个人都有最适合自己的事业，就在于我们如何选择和放弃了。

我们要学会选择和放弃，在成就大事的过程中，要学会放弃一些枝枝丫丫，这样才能心无旁骛地去做一件事。我们的人生很短暂，今生只做一件事就足够。只要你把这件事做得出色，那么你就算是一个成功的人了。

我们要坚定地朝着一个目标前进，就会在这个目标之下做出别人难以想象的成就。我们一生的成败往往就在于我们的事业能否成功，我们必须经营好自己的事业，这样才会因事业上的成功让自己具有成就感。卡耐基便很重视自己事业的取得，当他的课程传播到全球各地时，卡耐基便建议教授课程的老师学习当地的文化等。这样才能入乡随俗，最大限度地发展自己的事业。卡耐基并没有局限于在美国讲学，他要到世界的许多国家去发表演讲。卡耐基认为，通过这种方式会让更多的人认识自己，即便有的人不会接受他的课程，卡耐基还是一如既往地传播着自己良好的事业。

有些人会从不同的国家赶来听卡耐基上课。卡耐基在选择去讲学的国家和地区时，并不是仅仅选择发达的地方。虽然某些地方的人口少、人们收入也低，但卡耐基也会去那里讲学，并且会免除他们部分或全部学费。据英国利兹市的卡耐基课程的主持人史坦利·衣博说，当地政府为了鼓舞官员接受卡耐基课程的训练，专门成立了资助成人教育的委员会，以便可以让学员完成成人教育，政府则补助了学员一半的学费。对于非洲的一些国家，卡耐基所收到的学费则是更少，但卡耐基不在乎这些，他所在乎的是能使当地的人受益。

渐渐地，卡耐基的课程受到了不同国家、不同地区人的欢迎。在冰岛这个寒冷的国家，人们极其喜爱卡耐基的课程。冰岛主持人康拉康·艾多生，在1976年1月为庆祝加入卡耐基机构十周年，特此举办了一次晚餐舞会，邀请近三百名他的毕业学员参与，贵宾中有冰岛内阁的一名成员，他说卡耐基课程对冰岛很有帮助，许多冰岛政府与商界领袖都是卡耐基课程的毕业学员，其中包括一位前任总统与多位内阁成员。

在艾多生主持的卡耐基课程里，有95％的学员是由毕业学员热忱推荐而来的，他似乎不用再努力去招生。艾多生把卡耐基课程的毕业学员称为自己的"军队"，他们组建了非正式的俱乐部。这个俱乐部不是校友会，俱乐部的成员大多都是新近毕业的会员。在当今，冰岛有十几个这样的俱乐部。卡耐基会让人到这些俱乐部去参加舞会和发表演说，而且用当地的语言与当地的人交流。

卡耐基是很懂得这一地方性与区域性的，在南非，政府会把黑人与白人种族分开去参加卡耐基的机构。虽然卡耐基一开始并不习惯，但渐渐地就接受了这种方式。后来，有的地方把黑人、黄人、白人混在一起上课，卡耐基便深刻地了解了种族的差异，并认识到自己应该很好地满足他们不同的文化需求。

在后来都会举行毕业典礼，在毕业典礼上有学员与学员的亲人朋友，还有一些重量级的人物。这更扩大了卡耐基的课程的影响力！

卡耐基机构当时的副总裁约翰·古伯与他的太太艾德娜曾经去参加一个毕业典礼，他们在出机场后，受到了八百名卡耐基毕业学员以及他们的家人和朋友的欢迎。他们被护送到旅馆，接着在旅馆的大厅里，乐队为他们跳舞庆祝。可见，不光卡耐基本人受到欢迎，他的机构的很多人也深受欢迎！

卡耐基说，在他的课程里，他遇到了一个叫达莱亚·艾伦的姑娘，这个姑娘出生在以色列，她十六岁的时候跟着父母来到了美国，从哥伦大学毕业之后，在父母的建议下，她便参与了卡耐基课程。达莱亚·艾伦对卡耐基课程的印象很好，建议这种课程应该也在以色列开办。之后达莱亚·艾伦便筹划在以色列开办卡耐基课程。但是，卡耐基课程主持人的资格执照并不是金钱能够买来的。在美国和很多其他国家的主持人需要奋斗很多年才能够取得这个资格。达莱亚·艾伦便发现在以色列没有人愿意花费那么长的时间去接受训练，所以她决定用两年的时间在美国接受训练，然后到以色列去担任卡耐基课程的主持人。在这两年中，达莱亚·艾伦招收学生，并和卡耐基机构的高级人员探讨有关的问题。达莱亚·艾伦说："在这两年的时间内，我努力把自己训练为卡耐基课程的主持人，我这么做不仅仅是因为我有兴趣，还是因为我觉得卡耐基课程太有意义了，要让越来越多的人接受这种训练。"于是，两年后，达莱亚·艾伦回到了以色列。在一开始开办卡耐基课程的时候，由于卡耐基课程对以色列人来说是一种新鲜的事物，所以大家并不乐意接受。可渐渐地卡耐基课程对当地的人带来了效果，就有更多的人参加卡耐基课程的训练了。卡耐基课程也在以色列大受欢迎。

卡耐基说，之所以他的事业能得到迅速地传播，就在于有达莱亚·艾伦这样的媒介。卡耐基认为，要想传播一件事情，得有一定的媒介。就像是在现代社会，如果我们想要别人知道我们的产品，会在电视上做广告，会在街头上做宣传，会在网上、报纸上让别人知道我们产品的好处。卡耐基课程的传播也是如此，并不是一开始就会受到别人的认可，但真金不怕火炼，尤其是那些热衷于卡耐基课程传播的人，给卡耐基的课程注入了新的活力。因此，卡耐基说，要感谢那些帮助他的人，这其中有卡耐基的学员、朋友，也有未曾谋面却给予他帮助的人。

卡耐基从中享受到了事业成功的果实，便会把自己一生致力在成人教育之上。卡耐基也说，他曾经想过去开拓其他的事业，可是如果放弃成人教育的话，他在其他的事业上只是一个新的起点，如果做下去，又要花费更多的时间才能取得一些小成就。而最重要的原因是，因为他发现成人教育事业能让越来越多的人受益且自己也会乐在其中。

卡耐基传播的不仅是知识，更是一股力量。卡耐基课程的一个学员曾这样说："卡耐基课程给我带来了新的惊奇，我发现我从来没有那么活跃过。现在我乐于与别人交往，也发现自己的口才能力越来越好了。在朋友之中，我发现他们比以前更尊重我了，我在每一次出门的时候，都会自信饱满！这些都是卡耐基课程给我的！它给我注入了一种能量，我现在想做的不仅是要感谢它，而且想让越来越多的人从中获益。我也坚信，有一天，卡耐基课程的每一位学员都会拥有这种能量！"卡耐基课程的另一位学员说："我之前并不知道卡耐基课程是什么，在别人向我提到它时，我还嗤之以鼻。后来我的事业失败了，朋友说听一听卡耐基课程会有帮助。我当时也没有别的选择了，就抱着侥幸的心理。谁知听了几堂课后我竟豁然开朗，接着我对卡耐基课程产生了兴趣，现在我已经是一个在事业上取得成功的人，如果不是当初接受了卡耐基的课程，我很难想象现在的情况。现在我也会推荐那些失意的年轻人，有空的话去听一听卡耐基课程，它会给你一股正能量，让你获得新生。"

的确，卡耐基课程会给人带来新的力量，否则它不会在全世界那么多的国家和地区受欢迎。

卡耐基很好地传播和扩大了自己的影响力，获得了国际上的声誉。我们应该从中有所启迪。从今天开始不能再满足于默默无闻的状态了，有必要去追求自己的事业。人会因为没有事业而感到这一生过得可悲，而为了能够成为人上人，我们要很好地传播自己的事业，这样才会扩大自己的影响力。当我们具有影响力的时候，我们就是一个非同小可的人物了。在我们取得了这些成就之时，不要骄傲自满，不然有可能会落后、被别人超越。我们要很好地坚持这一事业，这会让我们的这一生过得丰富又美满。这是卡耐基要告诉年轻人的，只有注入新鲜的活力，才会走出绝境。我们有必要在事业上让自己达成这一目标！

年轻人贵在有事业，无论你现在具有什么样的事业基础，都要力求做得更为出色，因为你只会越来越好却不会最好！卡耐基说，你要努力改善你目前的状况，找到最适合的道路，并坚持走下去，终有一天你会深刻地体会到，原来你的这一生充满了活力与能量！

第六章

婚恋的历练

　　每个人都会走进婚姻的殿堂，卡耐基却在婚恋上几经波折，但卡耐基最终还是赢得了爱情。

　　这正是卡耐基所要告诉你的，要好好地珍惜有缘人，并好好地对待你的婚姻，你也会因此而发现情感上的不一样的精彩。

第一节 两次失恋的经验和总结

在前面章节中，我们重点说了卡耐基的工作、为人处世等，在接下来的一章中，我们主要来谈一谈卡耐基的情感经历。

和所有人一样，卡耐基在爱情上也经受着磨砺，而且是两次失恋。这是怎么一回事呢？在两次失恋之后，卡耐基得到了这样的体悟：人的感情是不可能一帆风顺的，期间遇到的坎坷与打击，要以一种理智的态度去处理。失恋并不是一件坏事，有时候失恋是人生的一种关键性的体验，它有助于人们了解感情的本质并给人们带来有益的教训。这也是卡耐基想要告诉青年人的关于感情上的体验！

下面，让我们看一下卡耐基的感情历练吧：

卡耐基的第一次恋爱发生在他上州立师范学院的时候，当时有一个叫贝茜的女孩，她长得很漂亮。卡耐基第一眼见到她时，就被她迷住了。出于友好，贝茜在上学路上遇到卡耐基时，会打招呼："早上好，戴尔！"卡耐基便觉得心中涌动着一股暖流。

他们真正交往是在卡耐基获得勒伯第青年演说家奖之后，在那次演讲赛中，贝茜是卡耐基的竞争对手。他战胜了贝茜，成为学院里在演讲比赛上第一个胜过女生的男生。

在庆祝晚会上，贝茜送给了卡耐基一大束花环，花环上面附着一张贺卡，写着："真心为你而喝彩，亲爱的戴尔。"

此时的卡耐基再也不能自拔了，他陷入爱河之中，每天脑子里都充斥着贝茜的身影。

"她会爱我吗？"卡耐基思索着这个问题，他想象着他们相爱的情境。

那时的卡耐基还十分害羞，他不知道如何向贝茜表白。虽然他的演说轰动了全学院，可在中意的女孩面前却显得不知所措。

经过一个月甜蜜并痛苦的挣扎，卡耐基想起了母亲那个精致的梳妆盒，于是他打算用它向贝茜求爱。

当他经过贝茜必经的道路时，他心里怦怦直跳。

贝茜像往日一样和他打招呼。

"贝茜，我能送你一件礼物吗？我想约你周末到102号河畔去野炊。"

贝茜答应了，接过了用精美的纸包装的梳妆盒。

贝茜回到家里，打开卡耐基送给她的礼物，原来是一个很精致的梳妆盒。打开盒盖后，看到里面有一张用拉丁文写的小纸条："亲爱的贝茜，我发誓我真的喜欢上了你，看到了这面镜子了吗，他正在对你微笑。戴尔·卡耐基。"

贝茜面对这样的表白，一时手足无措，没想到梳妆盒掉到了地上，那面镜子被摔得粉碎，她看到有张纸条片飞了出来，那是另一个笔迹："戴尔，你不会把我的梳妆盒也输掉吧！"

原来，这是卡耐基的母亲写的，本想借此告诫卡耐基不要误入赌途。但此时这张纸条却在这两个少年心中的爱情之火上浇了一盆冷水。

贝茜很绝望。

卡耐基回到家里后，把这件事情告诉了妈妈。妈妈詹姆斯太太并没有生气，谁叫自己的家穷不能给卡耐基买礼物的钱呢？

第二天，卡耐基准时赶着四轮马车在瓦伦斯堡州立师范学院的校门口等待贝茜的到来。

八点钟，贝茜坐着一辆汽车来到了校门口。

看到贝茜，卡耐基的心跳得更厉害了。但贝茜脸上失去了笑容，也没有挥手向他道早安。

卡耐基正惊疑不定的时候，贝茜开口说："戴尔，我不得不告诉你，我确实钦佩你的演讲才华，可是，我不会爱你的，我的父亲能够容忍所有，可赌徒除外，再见！"贝茜把梳妆盒还给卡耐基，就离开了。

卡耐基怔怔地待在那里，连解释的机会都没有。

就这样，卡耐基的初恋以如此的方式告终。

时隔十几年后，在他的著作《写给女孩的信》中有很好的诠释。这只是一场误会，但当时他只能怅然地看着贝茜从身边离开。

当时卡耐基年纪还小，他不能理智地处理好这件事。

1906 年，卡耐基在纽约发表公众演说时，他提到了这段刻骨铭心的初恋，只是把贝茜的真名隐去了。而此时贝茜已成为杰克太太，她住在纽约。

当得知卡耐基的演说内容后，贝茜若有所思地说："天啊，原来是这么回事！"

好在命运捉弄了当年的贝茜与卡耐基，要不以后可能就不会再有卡耐基课程的出现，他美丽贤惠的妻子桃乐丝也不会和他相遇。

这次失恋之后，卡耐基明白了，每一次的机遇，都可能导致不同的人生结局。

卡耐基的第二次恋爱是他在纽约从事戏剧演员期间发生的，可惜结局也是以失败告终。

在马戏团里，卡耐基不像其他的男演员们那样爱炫耀、哗众取宠，他很安静。这时，他发现了一个也很安静、和善的女孩——霍尔曼·珍妮，马戏团的主角。

吸引卡耐基的不仅是她友好的笑容，还有她的美貌。谁知，在用餐时，霍尔曼·珍妮走过来，主动地和卡耐基打招呼："您好，我叫霍尔曼·珍妮。"说着，还大方地递给卡耐基一块三明治。

卡耐基迎合着，接过三明治，问："听口音，你是密苏里人，对吗？"

珍妮兴高采烈地说："童年时，我常常去 102 号河畔的树林里玩耍，我从前住在玛丽维尔。"

"太好了，没想到我们来自相同的地方。"卡耐基高兴起来。

他们又聊了很多，并聊得很投机。

在到达俄亥俄州一个小镇的教区外时，卡耐基从角色的分配中得知珍妮就是马戏团的主角，而自己将扮演传教士的角色，他们演出了一段感人的爱情故事。

事情就这样巧合，卡耐基不禁问自己："难道是上帝的安排？"

渐渐地，他们彼此有了好感。

在另一场演出中，他们又演了一对情侣。不幸的是，在演出后珍妮意外地摔倒在地，还扭伤了脚踝骨。

在人们的惊呼声中，珍妮被送往医院。不巧的是，医院正好被熊熊的大火笼罩着，于是，珍妮被送到了年轻传教士亨利的住所休养。

在这期间，亨利对珍妮无微不至地关照。珍妮发觉已经对这个年轻人难舍难分了。

康复后，珍妮回到了马戏团，当他和卡耐基进行表演时，她忽然看到了亨利在观众中痴痴地望着她。珍妮一激动，又从马上摔了下来。这时的亨利已经冲了过来，让珍妮跌倒在了他的怀里。这一幕，让卡耐基十分难堪。当看到珍妮和亨利如此亲密的举动后，他很痛苦。他最终下定决心："我要离开这里，明天去找另一家制片经纪公司。"

卡耐基找了很多家经纪公司，可都没能驱散掉他失恋的阴霾。尤其让卡耐基更苦恼的是，其他的经纪公司那里并没有适合他的角色。

卡耐基为难了，但珍妮帮他找到了一家百老汇的制片经纪公司。对卡耐基来说，这是一件好事，可珍妮马上也被录用了。在声色犬马的演艺场所，卡耐基觉得他们之间的爱情即将破灭。果然如卡耐基所料，没过几天珍妮就已经变样了，她穿着一件意大利的正宗皮大衣，戴着金耳环，浓妆艳抹。卡耐基对珍妮的这种变化很反感，他盯了珍妮很久，问珍妮到底是怎么一回事。

珍妮很抱歉地说："原谅我吧，戴尔，你是知道的，经纪公司对我感兴趣，为了更好地生活，我别无选择。"卡耐基瞬间都明白了，他很想发狂，但还是抑制住心中的冲动，对珍妮说："祝你幸福！"珍妮泣不成声地说："我想演戏，可是我也想要你，在百老汇，就是这个样子。"卡耐基知道，珍妮并没有错。

珍妮还在那儿哭泣，此时她的心情十分沉重。

卡耐基还是看着珍妮，然后紧紧地搂着她，接着渐渐地松开双臂，轻轻地推开珍妮，一言不发地离开了。

走在纽约的夜色中，他很想借酒消愁。但他只是不停地幻想着：两年前，他们相遇与相恋，为什么命运之神会这么捉弄人？如今他不但没有成就梦想，还与心爱的姑娘分手了，他的心很痛苦，难以用语言形容。他觉得，自己梦寐以求的前程化为泡影，他的前程注定和百老汇无关。23 岁的卡耐基便下定决心：退出演艺圈。

短短的演艺生涯就这样结束了，一个农场主的儿子在舞台生涯上画上了一个句号。与此同时这也意味着年轻的卡耐基第二次失恋了。

他开始总结爱情上的得与失，他明白，婚姻不可强求，一切顺其自然才能长久的道理。

后来卡耐基的正妻桃乐丝把他的这些领悟写成一本书，用来为很多年轻的人们提供爱情和婚姻方面上的指教。

桃乐丝认为，在恋爱中，女方不能唠叨，唠叨就像水珠侵蚀石头，是很高明的"杀人不见血"的手段。桃乐丝写道："一个男人的婚姻生活能否得到幸福，他太太的脾气与性情比其他所有事情都更加重要。她可能拥有天下的每一种美德，可是要是她脾气暴躁、唠叨、挑剔与个性孤僻，那么她一切其他的美德便都等于零了。而很多男人失去了爱情，往往是由于冲动。而也会遇到很多人，很多人只是过客。"

唠叨和挑剔带给家庭的不幸，比奢侈与浪费来得更大，还有不做家务与感情不贞，也会增加了家庭的痛苦。有关这一点，不必马上相信这个判断。先听一下专家的证言吧：

莱伟士·M. 特曼博士是有名的心理学家，他对上千对夫妇做过详细研究。结果表明，丈夫都把唠叨和挑剔列为太太最糟糕的缺陷。盖洛平民意测验也得到了一样的结果：男人们都把唠叨与挑剔列为女性缺陷的第一位。詹森性情分析是另外一个有名的科学研究，他们也发觉没有其他的性格会像唠叨和挑剔那样，给家庭生活带来很多的不幸。

可是，几乎自从穴居的远古时代开始，太太们就想尽方法要以唠叨、挑剔的方法来影响自己的丈夫。传说，苏格拉底花费很多的时间躲在雅典的树下沉思哲理，就是为了逃避他那脾气暴躁的太太兰西勃。像法国皇帝拿破仑三世与美国总统亚伯拉罕·林肯这么杰出的大人物也都吃了唠叨妻子的不少苦头。奥古斯特斯·恺撒与他的第二任妻子离婚，其理由是：他实在不能忍受她那暴躁的性格。

女人们总是想以唠叨的方法来改变丈夫。但是从古至今，这种方式从没有发生过效果，除非太阳从西边出来。卡耐基讲过这样一个故事：

一位中年人说，他太太一直轻视与取笑他所做过的每件工作，他的事业似乎要被他的太太毁了。一开始时，他是个推销员，他喜欢自己的产品，而且很热心地推销着。当他晚上回到家时，原本很希望得到一点鼓励，可是他的太太却以这些话来迎接他："你好，我们的大天才，生意很好吧？你带回来很多佣金吧？还是只带回来推销部经理的一番训话啊？我想你一定晓得，下个星期就要付房租了吧？"

这种情形持续了很多年，虽然不时受着嘲笑，这位男士还是努力坚持着。现今他已经在一家全国有名的公司担任执行副总裁的职务了。关于他的太太呢？他与她离婚了，并且又娶了一位年轻的、可以给他爱心和支持的女孩。实际上，第一任太太并不晓得自己为何而失去了丈夫。"我省吃俭用，吃苦很多年，"她告诉她的朋友，"最后当他不再需要我替他做牛做马时，他就离开我，去找年轻的女人了。男人怎么可以这样呢！"

要是有人告诉这位女士，促使她丈夫离开她的理由并不是另外一个女人的出现，而是她自己的唠叨和挑剔，想必这位女士也不会相信的。可是这确实是她先生离开她的真正理由。

她是以一种轻视的方法来唠叨与挑剔，这对于男人的自信心是一种长期的打击与折磨，打击他自己以为有能力赚钱养家的男性尊严。

另外，卡耐基说，一位老朋友的儿子也尝到了同样的经验。他是一个二十岁出头的年轻人，在广告公司做着一份工作，这一行业竞争十分激烈，他需要妻子的安慰与爱心来保持奋斗的勇气。他的太太十分积极而充满野心，可是却十分不耐烦地认为她的丈夫动作很慢。在太太不停的嘲笑和指责下，他的勇气消失着。他告诉妻子，让他最不能忍受的事情是，他的太太已经渐渐地把他的自信心腐蚀掉了，好像不停滴落的水珠，将会侵蚀掉一块石头一般。他开始对自己的工作没有信心。最终，他失去了工作，他的妻子也与他离婚了。自从离婚以后，他又逐渐地重获信心，好像一个生过病的人重新摸索着恢复健康一般。

卡耐基认为，最具破坏力的一种唠叨和挑剔的方式，就是拿一个人与别人相比。"为何你赚不到更多的钱？比尔已经被升职几次了，你才一次而已。""我哥哥买了毛皮大衣给他的太太，那当然了，他晓得怎么赚钱呀。""要是我嫁给华特，我一定能够过得更富有一些。"这些都是很高明的"杀人不见血"的手段，将会导致失恋与离婚。

卡耐基说，男人们不喜欢那些喜欢拿自己的丈夫与别人做比较的女人，并认为嘲笑、诉苦、相比、抱怨、轻视、喋喋不休，喜欢唠叨与挑剔的女人，将会导致婚姻的破裂。

卡耐基又说到了一个故事：

在佐治亚最高法院的一个判例中，丈夫为了躲避自己妻子的唠叨而把自己锁在客房里，那是没有罪的。法庭的说法是："所罗门说过，住到阁楼上的角落中，总比在大厅里受女人的闲气要好很多。"

卡耐基又说："一位英国法官批准了一个男人与他那跟别人私奔的妻子离婚，可是却把丈夫所要求的赔偿金从七百元减到两百一十元。这位法官解释说，'因为双方的不和，妻子对于丈夫的意义，早在逐年地减低了。'"

在纽约的《美国新闻》杂志里，专栏作家哈·波义耳就对这个判决批评说："有哪一位妻子同意法律书籍写着她的价值已经随着结婚年头的增长而逐年降低？这是一个不好的判例。要是养成了这种观念，或许丈夫们会跑到法院来，说道：'法官，我要离婚，可请不要让我负担那些毫无道理的赡养费。我的妻子与我已经不和很久了，她早已值不了几个钱了，我只要使她恢复自由就好。'"

卡耐基进一步解释说，有的男人不仅故意让他的太太恢复自由，以至于不愿意花钱想办法摆脱她，不管什么方法都行。

在纽约最近的一期《世界电信》杂志中，便刊出了一篇一位不择手段的男人的犯罪事情：一位五十岁的卡车技工，雇了几名流氓杀死自己的太太。为何要这样做？原因是：这位男人宣称，他的太太一直不断地对他唠叨与挑剔。

卡耐基建议，要是你也相信唠叨对男人会造成这么大的伤害，你是不是也想知道有没有可补救的方式？要是爱唠叨的人可以了解到唠叨所带来的痛苦，而且真心想要改过的话，那么，补救的方式还是有的。卡耐基提醒我们："除非你晓得自己的病，要不你是不可能治好的。唠叨是种破坏性的心理疾病，要是你不知道自己是否有这种毛病，就要去问你丈夫。要是他竟然告诉你，你是个唠叨的人，那也不要立刻愤怒地否认，这只是表明他的看法没错而已。反之，你要马上采取办法改正这个缺陷。"

针对两次失恋的种种，卡耐基给年轻的人们提出了六条友好的建议，尤其是针对那些女性朋友来说的：

第一个建议是，与你丈夫及家人合作。每当你要发怒、要下严格的命令或者对倒霉的事情喋喋不休时，要让丈夫罚你的钱，不在于多少。

第二个建议是，训练你自己把话只讲一遍，接着就忘掉它的习惯。如果你一定要很不耐烦提醒你的丈夫六七次，那么他即使曾经答应过要去割草，但是他现在可能也不会去割了，为何你还要浪费口舌？唠叨只能让他更想拒绝，并下定决心决不服从。

第三个建议是，想办法用温和的方法达成目标。用甜的东西抓苍蝇，要比用酸的东西有效很多。实际上，这句话到现在还是很正确的。"要是你愿意去割草，亲爱的，很高兴看到你把我们的草地修得这么整齐，艾莲·史密斯说过她真希望她的丈夫可以像你这样勤快。"这种方法比其他的方法更容易让你的希望得以实现。

第四个建议是，培养自己的一种幽默感。幽默感将会使你时刻保持良好的心情。一个有理智的女人是不会紧绷着一张脸，不会为芝麻粒大的小事不高兴的。

第五个建议是，冷静地讨论十分不愉快的事件。在发生不愉快的事件时，要把这些写在纸条上，并事后客观地去分析、解决。

第六个建议是，对不需要唠叨就能达成目标的能力感到骄傲。在和对象相处之中，如果不需要唠叨就能达成目的，你要为此而感到骄傲。这说明你们之间的爱情更稳固、和谐了。

这便是卡耐基在两次失恋后的一些见解，他希望对年轻人有所裨益。我们也要很好地对待自己的婚姻，有必要摆正失恋时的心态，这样，我们才能在情感上过这一坎，做一个明智的人。

第二节　摆脱和第一任妻子的不幸

在上一能量书中说卡耐基经历了两次失恋，在这两次失恋之后卡耐基又经历了一次失败的婚姻。可见，这大人物的感情道路十分曲折，但这些没有消磨卡耐基的斗志，反而更激励了卡耐基对美好婚姻的向往。

卡耐基为什么会经历一次失败的婚姻呢？这和很多因素有关，最主要的是卡耐基很注重自己的事业，视工作为生命，所以和第一位妻子之间有着摩擦。卡耐基和第一位妻子之间的故事是如何的，我们一起来看看：

本书上一章讲述了卡耐基在事业上的奋斗历程，他在热衷于事业的时候，也在等待着走进他生命中的女人出现。

卡耐基由于在事业上遭遇了挫折，便在好朋友赫蒙·克洛依的建议下出去旅游，卡耐基把旅游的地点选择在了风光旖旎的瑞士。瑞士这片土地既给他带来了惊奇，又给他日后的生活埋下了隐患。卡耐基在刚到达瑞士的首都机场时，朋友柯蒂尼夫妇就已经在机场等候多时了。柯蒂尼是一位忠于卡耐基课程的支持者，他显得倔强和自信，只是他的夫人略显羞涩。卡耐基就被这对夫妇接到了家里。在柯蒂尼家里，卡耐基受到了热情的招待。饭后，柯蒂尼对卡耐基说："我们有个小计划，就是为您准备好了在瑞士的旅游，另外您能否在空闲的时候给我们开一个小规模的演讲会？"卡耐基愉快地答应了。

接下来，卡耐基便在瑞士旅游了几天，他的心情得到了放松，同时卡耐基按照约定在瑞士的首都伯尔尼举行了一个小规模的演讲会。在演讲会期间有很多人慕名而来，卡耐基也很高兴地与他们交谈。在其中有一位身材苗条的金发女郎问卡耐基："卡耐基先生，听说您的课程在美国取得了重大的作用，可为什么会遭遇失败呢？是您的能力不够呢还是有其他的原因？"显然这个问题伤害了卡耐基的自尊，卡耐基只好笑容满面地回答说："每个人都会有成功与失败的机会，那些便是我失败的机会。"

演讲会后，卡耐基与柯蒂尼走出礼堂时，发觉那位金发女郎正面带笑容地注视着他们，她的微笑看起了迷人极了。卡耐基顿时心里怦怦直跳，他预感到将会发生什么。那位女郎走到卡耐基面前，自我介绍说："我叫洛莉塔·包卡瑞，是法国人，包卡瑞伯爵的女儿，人们都叫我女伯爵。很高兴认识您，卡耐基先生。"

卡耐基便对洛莉塔·包卡瑞有着很不错的第一印象。在洛莉塔·包卡瑞的相邀下，卡耐基决定去拜访她一下。

于是，第二天卡耐基就来到了洛莉塔·包卡瑞的住处。洛莉塔·包卡瑞并不是居住在瑞士的法国贵族，而是居住在德法边境上的一位贵族后裔。他们俩的这一次交谈，让彼此都有了好感。接着，洛莉塔·包卡瑞和卡耐基一起去瑞士观光，他俩更觉得他们合适了。

在瑞士的首都伯尔尼逗留了几天之后，卡耐基和洛莉塔·包卡瑞又来到了日内瓦游玩。他们还参加了一个当地欢迎卡耐基的舞会，在舞会上，卡耐基深情地吻了洛莉塔·包卡瑞。在这之后，他们俩便开始为结婚做准备。

1912年8月16日，卡耐基和洛莉塔·包卡瑞走进了神圣的教堂。在神父面前，他们俩结成了夫妇。

然而，在婚后，卡耐基感受到的并不是妻子的爱，而是一种苦涩的滋味。在凡尔赛度过蜜月之后，卡耐基要回到美国，但洛莉塔·包卡瑞却要去巴黎。卡耐基便没有和洛莉塔·包卡瑞争执，在欧洲又居住了两年多。正是这两年多陶冶了卡耐基的性情，但卡耐基还是念念不忘他的故乡。

卡耐基发现，洛莉塔·包卡瑞总是以贵族自居，她还常常讽刺与嘲笑卡耐基的各种行为。这让卡耐基备受着打击。卡耐基在此时写了《暴风雨》这个作品，只是作品写的不够成熟，原因是他那时被婚姻困扰着，对写作感觉到力不从心。

卡耐基还发现洛莉塔·包卡瑞爱喝酒，在独自一个人外出时还会喝得酩酊大醉，而且回来后就会撒酒疯，并且破口大骂："卡耐基，你这个愚蠢的家伙，为什么不陪我喝酒？你就去顾你该死的事情吧！"长此以往，洛莉塔·包卡瑞在卡耐基心中的印象大跌。卡耐基只是不做声，默默地忍受着洛莉塔·包卡瑞暴躁的脾气。

在面对这种生活的挑战之时，卡耐基的心情恶劣，他后来回忆说，"那时候的我真的很痛苦，不知道该如何选择，不知道该何去何从！"

卡耐基不想在这个家中过度日如年的生活，便到匈牙利的霍尔托贝矶湖泊去旅游。在这次旅游之中，卡耐基计划着写一篇相关的文章。可一回到巴黎，他又要面对洛莉塔·包卡瑞无端的指责。好在这时有老朋友友赫蒙·克洛依来拜访卡耐基，卡耐基便向老朋友友赫蒙·克洛依倾诉了家庭生活中的烦闷。这位老朋友建议卡耐基回美国一趟。

卡耐基便仔细地想着自己困苦不堪的处境，一方面洛莉塔·包卡瑞不愿意离开巴黎，另一方面卡耐基又想回到美国去发展事业，他的心中便不停地烦恼着。

最后，卡耐基说动了洛莉塔·包卡瑞，他们开始前往纽约。

在纽约，卡耐基很少对别人提到他的婚姻，也很少带洛莉塔·包卡瑞去参加宴会。此时的卡耐基变得沉默寡言。洛莉塔·包卡瑞本来觉得美国有一种神秘感，但当她来到美国之后，感觉到纽约比不上巴黎，便心情变得十分糟糕。尤其是当她意识到美国人不像法国人那样尊重她的贵族身份时，她更借酒消愁，有时甚至会与卡耐基打架。

卡耐基此时在写一本书，这本书名叫《林肯外传》，卡耐基在书中一方面表达了对林肯的敬佩，一方面也宣泄了自己对婚姻生活的不满。

卡耐基在《林肯外传》里借用了林肯与玛丽·陶德的不幸婚姻来反衬了自己的婚姻状况，尤其是细腻地描述了玛丽·陶德的悍妇作风，这也是他对洛莉塔·包卡瑞的感觉。

可卡耐基还在孜孜不倦地工作着，他渴望恢复以前的富有与幸福，那种追求成功与追求财富的想法重新涌起，他一定要走出人生的低谷，走向光明的大道，为此，他不惜付出所有的代价。卡耐基的这种在逆境中奋发图强的精神，正是他走向成功之道的重大支柱。

通过很多努力，卡耐基的课程教育十分有起色，这一初步的成功给了他很大的安慰。可是却遭遇了大的打击，那个大的打击是全美国人都会遭受的。1929 年，美国爆发了经济危机。这场经济危机给很多人带来了不快，卡耐基也不例外。此时，卡耐基感到自己滑落到了人生的低谷，既有事业上的不顺，也有家庭之间的分歧。卡耐基此时得不到洛莉塔·包卡瑞的理解与支持，反而要面对着她的暴躁与咆哮。卡耐基实在忍受不了，只好用旅行的方式来逃避洛莉塔·包卡瑞给他带来的不幸。

这一次，卡耐基来到了中国，领略到了东方文化的神韵。卡耐基重新点燃了勇气，深刻地明白了他最大的问题是与洛莉塔·包卡瑞的问题。卡耐基在中国时又听说另外的一位美国朋友离婚了，这更坚定了卡耐基的想法。卡耐基回到美国之后，发现洛莉塔·包卡瑞又在发脾气，对于这样一位瞧不起卡耐基、总骂卡耐基没用的妻子，卡耐基终于横下了心，对洛莉塔·包卡瑞说："你要是再这样子的话，咱们就离婚吧！"没想到卡耐基会如此反应，洛莉塔·包卡瑞一时目瞪口呆。

面对这种情况，卡耐基便决定带洛莉塔·包卡瑞回老家生活一段时间。

来到卡耐基的家乡，原想弥补两个人之间的裂痕，但是发生了一件事之后更确定了卡耐基离婚的念头。因为洛莉塔·包卡瑞不光骂卡耐基，还骂卡耐基家的亲人，在保守的农村生活里，洛莉塔·包卡瑞是不被当地人所接受的。卡耐基便指出了洛莉塔·包卡瑞的错误，谁知，洛莉塔·包卡瑞不但不去反省，还将手中的盘子扔向卡耐基，致使卡耐基的脸部受了伤。洛莉塔·包卡瑞却无所谓，并没有歉意地离开了卡耐基的家乡。

卡耐基在回到纽约后，仔细地思考与洛莉塔·包卡瑞之间的事情应该怎样解决。当他找到洛莉塔·包卡瑞的时候，洛莉塔·包卡瑞正在和一名贵族男子谈话。卡耐基认识那位贵族男子，他就是上流社会有名的猎艳高手杜马恩曾·佩，卡耐基恼怒地想与他决斗，但又想到为那样的一位妻子实在不值得他这样卖命。特别是让卡耐基失望的是，洛莉塔·包卡瑞竟然说甘愿和杜马恩曾·佩交往，并要求离婚。卡耐基再也按捺不住心中的怒火，对洛莉塔·包卡瑞说："离婚就离婚，谁怕谁？我早就想对你说这句话了！"

他们的朋友得知了这件事，都劝卡耐基与洛莉塔·包卡瑞离婚。终于，卡耐基铁了心，向法院提起离婚的诉讼。

最终，卡耐基摆脱了和洛莉塔·包卡瑞之间的不幸，重新获得了生活的自由，十年的婚姻生活也就这样结束了。

卡耐基虽然失去了一个不快乐的家庭，但他还有事业，卡耐基相信还会遇到更美丽的、更贤惠的妻子。

关于这第一次婚姻的失败，卡耐基后来总结了很多经验。他向人们说："一个合格的太太不能总看不起自己的丈夫，也不能总是摆出高傲的姿态，要放下架子去理解、支持和关爱丈夫，这样才能让两个人的婚姻得以和谐。且妻子不能严重干扰丈夫的工作，要尊重丈夫的生活习惯。妻子也要做好为人妻的责任，不能在有丈夫的时候，去招惹其他的男人。尤其是不能责骂丈夫的家人及他的朋友。"

卡耐基认为和洛莉塔·包卡瑞的婚姻是不幸的，不过好在摆脱掉了这种婚姻。

在接下来的日子，卡耐基把心思用在了工作之上，虽然又遇到了一些女士示好，但卡耐基并没有轻易地接受她们的爱。卡耐基后来对一位朋友说，对于那些在你离婚后新的女子的到来，要很好地去明确，并恰当地处理与她们之间的关系：

1. 尤其是那些漂亮的女孩子，她可能追求的是你的事业、你的成功、你的金钱，所以大凡有成就的人，要很好地去面对那些漂亮的女孩。女人是用来当老婆的，而不是作为花瓶摆饰的。

2. 不停打电话给你的女士你要去留意。尤其是你离婚之后，如果有另外的一个人不停地给你打电话，她可能是相中你了。你要确保和她之间是朋友还是恋人、爱人的关系，要很好地让她明白你们之间该如何进展，还是让她就此停步。

3. 如果你不喜欢一个新的追求者，可以说，你的工作很多，但薪水很少。这样，她就可能渐渐地相信你的话，不再叨扰你了。

4. 要忘记第一次婚姻的失败，要摆脱第一次婚姻的不幸，就有必要通过各种活动忘掉这些不快。例如，结交新的朋友，参加有意义的活动，会很快地让你走出这一漩涡。

5. 在遭遇第一次婚姻的失败之后，要不停地告诉自己你还可以遇到更好的，这样说不定你就可以真的遇到更好的！

这便是卡耐基在第一次婚姻失败后的总结与沉思，这位正能量的大人物总算摆脱掉了第一次婚姻的不幸。不然和洛莉塔·包卡瑞纠缠下去，只会让自己的爱情观更为糟糕。好在卡耐基对其看得淡了、看得开了，才有了新的人生的美好！这为他第二次的婚姻做了铺垫，也让卡耐基最终找到了属于自己的有情人。在本书最后一节中，这个伴随着卡耐基相知相契的有情人将出现！

第三节　第二任贤妻传播良好的事业

在第本章第一节中讲述了卡耐基两次恋爱的失败，在本章第二节中介绍了卡耐基一次不幸的婚姻，可卡耐基仍没有放弃对美好爱情的向往，他在静静地等待着爱神的降临。终于，他的有情人桃乐丝出现了！

在1939年的一天，一个风和日丽的日子，卡耐基收到一封由依弗瑞特·波柏—奥克拉荷马商学院、会计法律及财政学院的经营者波柏写来的信。波柏在信中说，他希望卡耐基能使他的毕业生通过学习《影响力的本质》这本书的内容，更顺利地找到工作。不久，两个人就达成了一致的意见。

正是在波柏的卡耐基课程里，卡耐基遇到了他的第二任妻子——桃乐丝。桃乐丝是一位美丽的姑娘，卡耐基所赞赏的不仅是她出色的外表，更重要的是她的能干、她的贤淑。经过多次感情上的波折，卡耐基认为桃乐丝是他命中注定的有缘人。于是，桃乐丝与卡耐基结婚了。

1945年，卡耐基创立了"戴尔·卡耐基组织"，卡耐基担任总经理，桃乐丝担任副总经理。在之前的1942年，卡耐基开始编写一系列关于怎样控制烦恼与忧郁的小册子，之后这个小册子被命名为《克服烦恼建立新生活的艺术》，这本书畅销了几百万册。《时代》杂志评论说："《克服烦恼建立新生活的艺术》这本书也许会引起轰动与畅销，让那些老练的出版商大为惊叹。"在这本书里，卡耐基仍沿袭着《影响力的本质》的方式与公式，在这本书里分析着很多实例，以便给人们不一样的控制忧郁、克服烦恼的方法。比如，布顿原来相信除非他失明了，否则他一定能很好地面对生活，但在他十六岁的时候，他竟然真失明了，不过，他发现他真的能面对这个事实。比如，欧尔是一位伊利诺伊州缅屋德的主妇，她在丈夫生病的时候赚了钱，那时的材料十分便宜，她却用价格不菲的蛋白及糖做成糖果卖给学生。比如，杜沙是一个速记员，她拥有一份不错的工作，她为了能够对抗无趣产生的疲倦做了许多努力，如最终变得更具有精力和活力。

到 1948 年与 1949 年时，《读者文摘》刊登了两篇卡耐基这本书中的文章。第一篇文章是在说明"要活在紧凑的空间里"，并告诫人们"覆水难收"；第二篇文章教会人们要处理压抑的精神，卡耐基的意见是要能够伸缩自如、随机应变。

在 1948 年，卡耐基在美国与加拿大开设课程时，他的妻子桃乐丝就参与了这项事业。桃乐丝对卡耐基的学生说："一个人要具备向上的精神，要勇敢、正直、果断，这不仅是戴尔·卡耐基想要说的，也是我想要说的！"桃乐丝根据卡耐基的风格，对卡耐基课程的学生讲述了这样的一个故事："在缅因州，有个父亲，他有一个'不幸'的儿子，他的儿子贪玩，邻居的孩子却喜欢学习；他的儿子爱惹事，邻居的孩子却受到校方的嘉奖；他的儿子成绩差，邻居的孩子却成绩优秀。这样鲜明的对比，让这个父亲觉得很丢面子，就常常斥责儿子：'你看看邻居家的孩子，他是多么招人喜爱，而你多么没有出息！'儿子挨骂多了也就习惯了，有一天儿子竟对父亲说：'爸爸，我的同学的父亲和你的年纪一样大，他是州长，可你怎么还是一个小职员呢？'这个父亲听了，顿时火冒三丈。"桃乐丝说到这里时，看到学生们都笑了起来，桃乐丝接着说："这位父亲仔细地想一想，感觉儿子的话不无道理，如果他要求别人像他人的儿子一样，他就应该像更优秀的父亲一样。再想一想，我们每个人都会有参照物，可我们只会要求别人越来越好，可曾想到也要求自己呢？这是戴尔·卡耐基先生一直想说的，今天我替他说了出来，希望你们在不忽略他人优点的同时，也要注意发挥自己的优势。"学生们听完，都安静了下来。的确，卡耐基也很赞赏桃乐丝的这些说法，卡耐基后来对学员说："桃乐丝女士的说法很对，我们每个人都要发现自己的优势，这是我的课程所要重点传达的。希望你们一生会无愧于内心，也无愧于这个世界。"

卡耐基很敬重他的妻子，而且对朋友说："桃乐丝是我今生遇到的最有缘分的女人了，我从她的身上看到了希望，她不仅知书达理，而且给予了我不少帮助，可以说她既是我的妻子，又是我的助手，同时又是我不可或缺的合作伙伴。"

卡耐基对桃乐丝如此重视，桃乐丝也反映说："如果一个妻子不能更好地为人表率，那么她就不算是一个合格的妻子。尤其是如果丈夫是一个有头有脸的人物，妻子应该更好地给丈夫树立榜样。一个好的妻子，其成功来源于她丈夫的成功，而不仅仅是她的得失。"

看来，桃乐丝选择卡耐基是认真的，卡耐基选择桃乐丝也是对的。

在生活之中，桃乐丝经常会照顾着卡耐基，并对卡耐基说："你已经很忙了，有必要有一个人照顾你，不然这样下去会吃不消的，我愿意为你鞍前马后。"在家里，桃乐丝会做饭、洗衣，虽然有佣人做这些工作，但桃乐丝甘愿为卡耐基亲自下厨，并且亲自体验着之前没有体验过的艰难。所有这些，只有一个原因，她是为了她的丈夫。

卡耐基的朋友也说，夫妻两个人应该相互体贴、相互照顾，桃乐丝做得恰到好处，她不仅是一个合格的妻子，更是卡耐基在人生路上不可或缺的一个事业伙伴。有一天，卡耐基参加一次舞会，在回来的时候由于困倦，想要休息，但想起明天还有任务需要今天晚上做完，卡耐基就觉得有点费心。这时候，桃乐丝看出了他的为难，便帮助卡耐基分担这一小忧愁，卡耐基得以舒舒服服地睡上一觉。卡耐基从来没有感觉到生活会如此幸福，不光是他的事业如火如荼，而且是他有一个知他、懂他、体贴他的妻子。

桃乐丝经常问卡耐基有没有事情让她做，卡耐基便不好意思让桃乐丝闲着。这样，桃乐丝就深入了卡耐基的课程教学之中，对卡耐基的课程教学也有了一定的见解。桃乐丝认为每个人都应该提高心理素质，要通过一些课程来增强这方面的意识。为了推动卡耐基课程的进展，桃乐丝在上面付出了很多的心血。

很显然，桃乐丝和卡耐基站在了同一条船上，她认为卡耐基事业的成败就是她的成败。于是，她更好地为卡耐基贡献自己的力量。桃乐丝不羡慕别人的妻子过着养尊处优的生活，因为她的丈夫是卡耐基，所以她要更好地约束自己的行为。

生活中的桃乐丝是很朴素的，这不仅仅是她为卡耐基节省，她说："戴尔·卡耐基赚钱不容易，我没有理由铺张浪费，我所要做的是让他好好地生活并使他的事业发展得更好。"

桃乐丝便以身作则，很好地给卡耐基保留了财富，卡耐基的财源也越来越多。卡耐基说："桃乐丝女士不在乎豪华与奢侈的追求，这样的女人恰恰是我所想要找的。每个男人都希望找到一个和自己同甘共苦的女人，而不是那些只知道被别人供养的女人。桃乐丝女士做得很好，她陪我走过了一些低谷期，却很少去享受。我现在发觉我越来越佩服她了，有了这样的妻子真是我一生的福气！"

看来卡耐基的事业和生活受到桃乐丝的帮助和支持不少，早在1953年，桃乐丝写了她的第一部著作，这部著作是《写给你的》，由灰石出版社出版发行。在这本书中，桃乐丝沿用了卡耐基曾经运用的例子，并详细阐述了在卡耐基课程教学里的亲身体验。看来，桃乐丝和卡耐基的思想是相同的。桃乐丝还说："如果对丈夫表现得热忱，你就会变得热忱。"

卡耐基还会经常模仿桃乐丝的理论，借此让卡耐基的事业越来越发展壮大。

后来，《时代》杂志评论了桃乐丝《写给你的》这本书，并精练了桃乐丝在书中的十条守则：

一、发展勇气，提高自信。

二、在家中、社交生活及所有民间的或商业活动中，有效地表达你自己。

三、锻炼能力及重视你的外表。

四、提高你的对话能力。

五、扩大你的兴趣及发展你的性格。

六、记住他人的姓名、面孔和兴趣。

七、充实你的生活，让你的家庭生活更乐观。

八、试着与人和谐相处，并为你和你的丈夫赢得更多的朋友。

九、提高你对爱的标准，不要做丈夫背后的女孩。

十、最关键的是热诚，热诚绝无任何替代品或复制品。

虽然这一本书并没有引起轰动，但桃乐丝并没有放弃通过写作传播卡耐基的事业。她认为这些书面上的交流，更有益于让人深刻地了解卡耐基。

1958 年，桃乐丝写了她的第二本书，这本书叫《成熟的人生》。这本书继承了卡耐基的哲学，强调了改变态度对人带来的好处。桃乐丝在卡耐基课程教学里评选优秀的人员时，会把《成熟的人生》发给他们作为奖励。

在桃乐丝逐渐传播卡耐基事业的时候，卡耐基慢慢地变得衰老了。1955 年 11 月 1 日卡耐基离开了他心爱的事业和一些他关心的、关心他的人。卡耐基在去世之前还说，他的这些成就的沿袭将会在他的第二任妻子桃乐丝的手中得以体现。果然，桃乐丝自始至终传播着卡耐基的事业，使得卡耐基的教学方式影响了全世界的人们。桃乐丝在有生之年也会回味着她和卡耐基的点点滴滴，她是一个有责任感的妻子，卡耐基专注于成人教育事业，她也要很好地在这基础上，注入一脉新鲜的活力，桃乐丝做到了。她是卡耐基事业的有力传播者。她希望，也是卡耐基所希望的，每个人都应该接受这股正能量，并且要为着美好的人生不停地奋斗、前进！